Web SEOに強い ライティング
売れる書き方の成功法則64
集客・成約率アップのための"売れる"文章術

ふくだたみこ
Tamiko Fukuda

ソーテック社

本書に掲載されている説明を運用して得られた結果について、筆者および株式会社ソーテック社は一切責任を負いません。個人の責任の範囲内にて実行してください。

本書の内容によって生じた損害および本書の内容に基づく運用の結果生じた損害について、筆者および株式会社ソーテック社は一切責任を負いませんので、あらかじめご了承ください。

本書の制作にあたり、正確な記述に努めておりますが、内容に誤りや不正確な記述がある場合も、筆者および株式会社ソーテック社は一切責任を負いません。

本書の内容は執筆時点においての情報であり、予告なく内容が変更されることがあります。また、環境によっては本書どおりに動作および実施できない場合がありますので、ご了承ください。

本文中に登場する会社名、商品名、製品名などは一般的に関係各社の商標または登録商標であることを明記して本文中での表記を省略させていただきます。本文中には ®、™ マークは明記しておりません。

はじめに

　たくさんの本のなかから本書を手に取っていただき、誠にありがとうございます。ここで出会えたことを、心からうれしく思います。

■ いま、どんな気持ちですか？

　この本を手にしてくださったあなたは、次の3タイプのいずれかに当てはまるのではないでしょうか？

チームA　SEO、集客
- Webサイトへの集客をグングン増やしたい
- 新しいお客様と出会いたい
- 最近のSEOってどんな仕組み？ メリットは？
- キーワードの選び方がわからない
- どんなコンテンツがあれば人気サイトになれる？

チームB　Webライティング、文章術
- 文章が苦手！ 日々苦労している
- わかりやすい文、伝わる文章を書けるようになりたい
- ロジカルな文章構成を知りたい
- ユーザーに役立つオリジナルコンテンツってなに？
- 画像を工夫して、最後まで読まれるコンテンツを作りたい

チームC　成約率アップ、売上げアップ
- Webサイトからの売上げを増やしたい
- 売れる文章を書けるようになりたい
- 一瞬で引き付けるキャッチコピーを作りたい
- お客様の心を動かす文章って？
- 心理学や脳の仕組みを応用した文章を書きたい

　この本が、上記の課題を解決します。

■ 即実践！ 好きなところから読みはじめてください

　この本はChapter1からChapter5まで次のような構成でできています。全部で296ページ、64の法則がありますが、**目的に応じて好きなところから読みはじめてください。**

　全ページ心を込めて書き上げましたので、できれば最初から最後まで順番に読んでいただきたいのが本音ですが、読者のみなさまには**「それぞれ違う悩み、課題」**があるはずです。

　最初から読みはじめて、目的のページにたどり着くまでに時間を費やしてしまうのは効率が悪いです。**必要なところから、さっと読み、すぐに実践してみてください。**

章	タイトル	内容	対象読者
Chapter 1	SEOに強い！Webライティングの基礎知識	日常のライティングでは「正しくわかりやすく伝える文章」が必要です。Webライティングも同じですが、もうひとつ「SEOに強い」という要素が求められます。ここでは「紙とWebとの違い」とSEOに取り組むメリットについて整理します。	**チームA** SEO、集客力アップについて知りたい方はChapter1またはChapter2からお読みください。
Chapter 2	集客力のあるWebサイト構築〜キーワード選定とコンテンツ企画〜	コンテンツSEOを成功に導くためには、コンテンツ制作前の準備が不可欠です。どんなターゲットに対して、どんなキーワードを選び、どんなコンテンツを作っていくかを企画、設計していきましょう。	
Chapter 3	コンテンツマーケティング時代の文章術〜ロジカルライティング〜	コンテンツマーケティング（特にコンテンツSEO）を実践していくためには「文章を書く力」が必須です。この章では、正しくわかりやすい文章を書くテクニックを紹介します。文章の1行目を書く前に、どんな構成で書くかを決めることが大事です。	**チームB** Webライティング、文章術について知りたい方はChapter3からお読みください。
Chapter 4	一瞬で引き付ける！キャッチコピーライティング	お客様の心を一瞬で捉えるためには「強い光」が必要です。短い文字数でありながら、お客様の気持ちをグッとつかむキャッチコピーを作りましょう。キャッチコピーはセンスではありません。作り方がわかれば、誰でもキャッチコピーを作れます！	**チームC** 成約率アップ、売上げアップについて知りたい方はChapter4またはChapter5からお読みください。
Chapter 5	成約率を上げるための売れる文章術〜エモーショナルライティング〜	Webサイトには「目的」があります。例えば「購入してもらう」「問い合わせしてもらう」「資料請求してもらう」「会員登録してもらう」などお客様に「行動してもらう」ことを目的としているWebサイトは多数あると思います。「人を動かす」ためには、エモーショナルライティングがおすすめです。	

■ SEOに強い「Webライティング」

　Googleが「コンテンツ重視」の考え方を強めていることによって、私たちはSEOに取り組みやすくなりました。お客様に役立つコンテンツを作ることを考えていけば、検索の順位も上がっていくのです。

　役立つコンテンツを作るためには「Webライティング」の知識やノウハウが不可欠です。**「文章が苦手」「キャッチコピーが作れない」「売れる文章の書き方がわからない」などと言っていられない**時代になりました。

　文章やキャッチコピーは、センスではありません。「書き方」「コツ」「テクニック」を知っているか知らないかの「差」だけです。

　誰でもお客様の心をつかみ、ファンを育て、財産になるようなコンテンツを作ることができるのです。

　この本が、Webサイト運営に携わる方々のお役に立つことを心から願っています。

株式会社グリーゼ　取締役　ふくだたみこ

C O N T E N T S

はじめに 3

Chapter-1

SEOに強い！ Webライティングの基礎知識　　17

成功法則 01
紙とは違う！Webメディアの3つの特性を理解する 18

特性① 　検索されるメディア
特性② 　一瞬で嫌われるメディア
特性③ 　縦スクロールのメディア

成功法則 02
SEOで得られるメリット①
お客様の訪問数をアップさせる 23

お客様との出会いにつながる
やる気のあるお客様を逃さない

成功法則 03
SEOで得られるメリット②
広告費の削減につながる 25

広告とSEOとの役割分担を把握する
リスティング広告の難しさ

成功法則 04
SEOで得られるメリット③
コンテンツという財産ができる 29

「コンテンツ＝財産」という考え方
財産となったコンテンツがもたらすもの

成功法則 05
SEOで得られるメリット④
Webサイトの価値を高める 32

良質なコンテンツがリンクを集める
「コンテンツ＋リンク」の両輪が大事（Googleの仕組み）
ブランディング効果が期待できる
コラム 「コンテンツマーケティング」と「コンテンツSEO」

5

Chapter-2

集客力のある Web サイト構築
～キーワード選定とコンテンツ企画～   37

成功法則 06 失敗しない「キーワード選定」3 つのポイント 38

ポイント① マーケティングの 3C を理解する
ポイント② ビッグキーワード 1 語を狙うのではなく、ロングテールの複合
ワードを狙う
ポイント③ ユーザーの検索意図を考える（調べるワード、買うワード）

成功法則 07 ツールを使って「キーワード」を大量に洗い出す 44

Google サジェストで、過去の検索ワードを集める
伸びる？ 伸びない？ 検索トレンドをチェックする
月に何回？ 検索需要をチェックする

成功法則 08 競合サイトを調査する 49

競合サイトを探す
SimilarWeb（シミラーウェブ）で競合調査
SEO チェキ！で競合調査

成功法則 09 ここがスタート！現状の順位を調べる 54

調べたいときに、インターネット上で即チェック！
たくさんのキーワードでの順位を継続的にチェック

成功法則 10 キーワードに優先順位を付けて
年間スケジュールで管理する 58

キーワードを 100 件くらいに絞り込む
キーワードに優先順位を付ける
「スムージー」を扱う場合のキーワードの優先順位付けの例
優先順位を付けたキーワードで年間スケジュール立案

成功法則 11

「良質で有益なコンテンツ」を企画する............................ 63

Google が考える「良質で有益なコンテンツ」の正体とは
「良質で有益なコンテンツ」を作るための 2 つのポイント
「良質で有益なコンテンツ」の具体例とは
コンテンツ企画の際のチェックポイント

成功法則 12

研究所、塾、学校、倶楽部……
アイデア勝負で新コーナーを設計する 68

SEO 用の記事をアップするための新コーナーを検討する
ファンが集まるサイトの事例：不動産売却塾
ファンが集まるコンテンツを企画しよう
コラム 重複コンテンツとは

成功法則 13

コンテンツの設置場所を決める.................................... 74

「サイト内コンテンツ」v.s.「サイト外コンテンツ」
内部要素を強くする「サイト内コンテンツ」
外部要素を強くする「サイト外コンテンツ」
コラム 無料ブログの活用法

成功法則 14

執筆ガイドラインを作る 79

ポイント① 「誰が読むのか」（ターゲット）を明確にする
ポイント② 「何のための文章なのか」（目的）を明確にする
ポイント③ 文体、表記ルールを決める
ポイント④ SEO またはターゲットに合わせた言葉選びをする
ポイント⑤ SEO のタグのルールを決める
コラム CCO（Chief Content Officer）

成功法則 15

コンテンツ制作チームを編成する 84

ディレクター、ライター、チェッカーの役割分担
社内ライター vs. 社外ライター

Chapter-3

コンテンツマーケティング時代の文章術
～ロジカルライティング～ 87

成功法則 16 1ページ＝1キーワードで書く......................88

ページごとにキーワードを割り当てる
1ページ＝1キーワードで書くとは？
1ページ500文字以上の原稿を書く

成功法則 17 タイトルタグとディスクリプションタグを最適化する.......91

タイトルタグとディスクリプションタグが重要な2つの理由
タイトルタグの書き方ルール
ディスクリプションタグの書き方ルール

成功法則 18 見出しタグ（h1～h6）の書き方をマスターする............95

見出しタグの役割
見出しタグ（h1～h6）の書き方ルール
大見出し（h1）の書き方ルール

成功法則 19 「総論・各論・結論」でロジカルに書く............................98

「1ページ＝1キーワード」に適した「総論・各論・結論」の文章構成
「総論・各論・結論」の文章構成は各論が肝
文章が苦手な人は、「総論・各論・結論」の構成（骨子）をしっかり作るべし
「総論・各論・結論」へのHTMLタグの付け方

成功法則 20 パラグラフライティングをマスターする.........................103

ひとつのテーマで統一！パラグラフとは？
パラグラフで書くメリット

成功法則 21	「主題文、支持文、終結文」 パラグラフの基本形をマスターする 107

パラグラフの基本形
主題文の書き方
支持文の書き方①
支持文の書き方②
箇条書きのパラグラフ

成功法則 22	キーワード出現率よりも 「ユーザーに役立つかどうか」が大事 116

キーワード出現率ってなに？
キーワード出現率よりも重要なこと
キーワード出現率の計測方法

成功法則 23	一文一義のルールで書く 118

一文一義のルールとは？
「長い文」「短い文」のメリット・デメリット
文が長くなってしまう原因は？

成功法則 24	主語と述語の使い方をマスターする 122

主語と述語を近くに置く
主語と述語のねじれをなくす

成功法則 25	修飾語と被修飾語の関係を明確にする 124

修飾語と被修飾語の関係を1対1にする
簡単な解決策
文を2つに区切って係り受けの関係をシンプルにする
形容詞、副詞のメリット・デメリット

成功法則 26	箇条書きで、右脳と左脳で理解させる 129

箇条書きの書き方とメリット
なぜ、箇条書きがわかりやすいのか？
順番性のある箇条書きと、順番性のない箇条書き

9

成功法則 27
箇条書きの項目数をマジカルナンバー7で処理する 133

短期記憶と長期記憶を理解しよう
箇条書きの項目の数は、マジカルナンバー7を参考に決める
箇条書きの記号のルール

成功法則 28
数字を入れて、インパクトのある文章を書く 139

数字の役割
数字に置き換えられる表現とは？
数字の大きさをわかりやすく伝えるテクニック
数字を大きく見せる、小さく見せるちょっとしたコツ

成功法則 29
「普通名詞」や「固有名詞」を入れて説得力のある文を書く 143

「普通名詞」と「固有名詞」の違い
代名詞の使い方に注意
固有名詞を入れるときの注意

成功法則 30
「会話」や「お客様の声」を入れて臨場感を出す 148

第三者の発言は、会話形式で表記して臨場感を出す
お客様の声の掲載方法

成功法則 31
漢字、ひらがな、カタカナの使い方 151

「漢字、ひらがな、カタカナ」の印象の違い
「漢字、ひらがな、カタカナ」のSEO的な観点での使い分け

成功法則 32
単調な文に変化を与える 154

体言止めを使って文末に変化を付ける
文末の時制を変えて臨場感をアップ

成功法則 33
ユーザーに好かれるポジティブライティングで書く 157

ポジティブライティングってなに？

否定表現、2重否定の使い道
受動態を使わない

成功法則 34　主観と客観を書き分ける 162

主観的な文章と客観的な文章との違い
主観と客観を書き分ける
主観を客観に修正するテクニック

成功法則 35　品格のある文章を書く 167

「話し言葉」と「書き言葉」を使い分ける
敬語の使い方
差別用語、不適切な表現を使わない

成功法則 36　オリジナルコンテンツのための情報収集術と「著作権」のルール 171

情報収集の方法①　専門家に聞く
情報収集の方法②　書籍、雑誌
情報収集の方法③　インターネット
コピペ厳禁！著作権に注意する
引用のルールを守ろう

成功法則 37　インタビューから作るオリジナルコンテンツ 176

インタビューから作るコンテンツの種類
インタビューの進め方①　準備
インタビューの進め方②　インタビュー当日
インタビューの進め方③　インタビュー後
インタビュー原稿のまとめ方
インタビューのメリット

成功法則 38　文章をグンと引き立てる画像活用術（基礎編） 182

画像を入れるメリット①　アイキャッチとして引き付ける
画像を入れるメリット②　読みたくない読者を、読む気にさせる
画像を入れるメリット③　感覚的なことを伝える
画像を入れるメリット④　ターゲットがわかる

画像を入れるメリット⑤　記憶に残る

成功法則 39　文章をグンと引き立てる画像活用術（実践編） 186

文字情報を画像化するか、テキストで書くか
文字情報（テキスト）が主役！ 画像に頼り過ぎない伝え方
インターネット上の画像を使うときの注意

成功法則 40　正しい文、読みやすい文を書くための読点の使い方 190

「正しく伝える文」を書くための読点の付け方
「読みやすい文」を書くための読点の付け方
コラム　紙と Web での「読点の入れ方」の違い

成功法則 41　校正する ─なぜ校正が重要なのか─ 193

校正者がもつ2つの観点
校正の手順は、自己チェック→別の人のチェック
校正ツールを使ってチェックする

Chapter-4
一瞬で引き付ける！ キャッチコピーライティング　197

成功法則 42　お客様をつかまえよう！　キャッチコピーの設置場所 198

設置場所①　サービスページの冒頭のキャッチコピー
設置場所②　Web サイトへ誘導するためのキャッチコピー
インターネット上ではたくさんのキャッチコピーが必要

成功法則 43　売れるキャッチコピー①　お客様のハッピーを描こう 204

2大欲求「ハッピーになりたい」「悩みを解決したい」
プラスのキャッチコピーの作り方
ハッピーを描き、ステキな未来を期待させることが大事

成功法則 44	売れるキャッチコピー② お客様の悩みを解決しよう 208

悩みを解決したいというマイナス（マイナス回避）の欲求

マイナスのキャッチコピーの作り方

お客様の悩み、困りごとに寄り添う気持ちが大事

コラム 商品名、サービス名を冒頭に押し出さないことが大事！

成功法則 45	売れるキャッチコピー③ お客様に問いかけよう 212

脳の仕組みをキャッチコピーに活かそう

問いかけのキャッチコピーの作り方

広告バナーのクリック率を上げるキャッチコピー

「〜です」と言い切らずに「〜ですか？」と問いかけてみよう

成功法則 46	売れるキャッチコピー④ 数字を入れてリアリティーを出そう 216

「長年」ではなく「80 年」と数字を入れる効果とは？

「6,000mg」か「6g」か？　数字を大きく見せるコツ

「3 万円」か「1 日たったの 166 円」か？　数字を小さく見せるコツ

買い物の決め手になる「数字」を積極的に使おう

数字を入れよう、さらに数字の見せ方を工夫しよう

成功法則 47	売れるキャッチコピー⑤ あるあるネタで共感を誘おう 220

「あるある探検隊」に学ぶ「共感」の居心地の良さ

「共感できますか？」あるあるネタのキャッチコピーの例

共感マップを使って、共感キャッチコピーを作ろう

ノスタルジーと郷愁で「あるある」を狙おう

誰に共感させたいかをピンポイントで決めて、共感させよう

成功法則 48	売れるキャッチコピー⑥ ハロー効果で権威付けしよう 226

ハロー効果を利用した権威付けのキャッチコピーとは

子どものころから使っていたハロー効果の 2 タイプ

「権威付け」のキャッチコピーの例①　「権威のある名称」を出す

「権威付け」のキャッチコピーの例②　「圧倒的な数字」を示す

適切な権威付けで信頼度アップのキャッチコピーを作ろう

| 成功法則 **49** | **売れるキャッチコピー⑦**
チラ見せで「もっと見たい」を誘う .... 232 |

チラ見せのセクシー感をキャッチコピーにも活かす
どの言葉を露出しどの言葉を隠すか、判断のポイントは？
「もっと先が知りたい」と思わせるためにどこを隠せば良いかと考えよう

| 成功法則 **50** | **売れるキャッチコピー⑧**
まさか！ そんな？ 王道を否定しよう .... 235 |

常識を否定すると、衝撃的なキャッチコピーができる
王道否定のキャッチコピーの作り方
インパクトが強いので、使い過ぎや根拠なしでは逆効果

| 成功法則 **51** | **売れるキャッチコピー⑨**
大手サイトのルールを目安にする .... 238 |

キャッチコピーの文字数は何文字で書く？
Yahoo!JAPAN に学ぶ 13 文字のキャッチコピー
人気 Web サイトのキャッチコピーの文字数は？
スマホアプリのキャッチコピーの文字数は？
文字数を少なくするほど、キャッチコピー作りは難しい

| 成功法則 **52** | **売れるキャッチコピー⑩**
呼びかけて振り向かせよう .... 244 |

ターゲットを絞って呼びかける
たったひとりに、呼びかけよう

| 成功法則 **53** | **売れるキャッチコピー⑪**
認知的不協和でバランスを崩そう .... 248 |

矛盾を嫌い、矛盾を正そうとする脳の性格
認知的不協和のキャッチコピーの例
バランスをとりたいと思っている「脳」に違和感を与えよう

| 成功法則 **54** | **売れるキャッチコピー⑫**
好奇心をくすぐろう .... 252 |

好奇心が強くなるのはどんなとき？
好奇心をくすぐるキャッチコピー
知っていることと知らないことの重なりを見つけよう

| 成功法則 55 | 売れるキャッチコピー⑬ お客様の声を利用しよう | 256 |

なぜ、お客様の声が効果的なのか
お客様の声から、響くフレーズを探し出そう

| 成功法則 56 | 売れるキャッチコピー⑭ 旬な言葉、トレンドワードを使おう | 259 |

旬な言葉の見つけ方①　Google トレンド
旬な言葉の見つけ方②　急上昇ワード
旬な言葉の見つけ方③　生活のなかで使われている言葉
旬な言葉に敏感になろう

Chapter-5

成約率を上げるための売れる文章術
～エモーショナルライティング～　　263

| 成功法則 57 | ロジカルライティングと エモーショナルライティングで書き分ける | 264 |

ロジカルライティングとエモーショナルライティングの違い
エモーショナルライティングの2通りの書き出し
プラスとマイナスで訴求する

| 成功法則 58 | エモーショナルライティング① AIDCAS の法則で書く | 268 |

AIDCAS の法則を自分の購入体験から考えてみよう
AIDCAS の法則のテンプレート

| 成功法則 59 | エモーショナルライティング② PASONA の法則で書く | 272 |

どこかで聞いたことがある！ PASONA の法則とは？
PASONA の法則のテンプレート

| 成功法則 60 | 購入ボタン直前のお客様を逃がさない .... 277 |

なぜ、ボタン直前で逃げられてしまうのか？
「いま買おう！ ここで買おう」と思わせるためのボタン直前のライティング
クロージングで逃さないためのボタンのデザインとコピー

| 成功法則 61 | お客様が行動しやすい
「ハードルの低いゴール」設定を行う .... 281 |

ハードルの高いゴール、ハードルの低いゴールとは？
ハードルの低いゴールが必要な商品って、どんな商品？

| 成功法則 62 | テレビショッピング流トークで
「自分ごと」と意識させる.. 283 |

テレビショッピングに学ぶ「問いかけ」テクニック
テレビショッピングに学ぶ「自分視点」テクニック

| 成功法則 63 | 男性向けコンテンツと
女性向けコンテンツを書き分ける .... 288 |

論理的な男性脳と、感情的な女性脳を意識して書く
シングルタスクの男性脳と、マルチタスクの女性脳を意識して書く

| 成功法則 64 | 心理学を応用して選択しやすい文章を書く...................... 292 |

選択回避の法則
極端の回避性（松竹梅の法則）

あとがき 294

Chapter - 1

SEOに強い！
Webライティングの基礎知識

日常のライティングでは「正しくわかりやすく伝える文章」が必要です。Webライティングも同じですが、もうひとつ「SEOに強い」という要素が求められます。ここでは「紙とWebとの違い」とSEOに取り組むメリットについて整理します。

成功法則 01 紙とは違う！Webメディアの3つの特性を理解する

Webライティングを極めるためには、Webサイトの特性を知ることが大事です。紙に文章を書く場合と、Webサイトに文章を書く場合とでは、いくつかの違いがあります。Webサイトでお客様に行動を起こしてもらうために、おさえておきたい3つの特性を説明します。

| 集客アップ | ★★★★☆ | 成約アップ | ★★★★☆ | コンテンツ改善 | ★★★★☆ |

特性① 検索されるメディア

Webメディアのいちばんの特徴は「検索されるメディアである」ということです。インターネットで目的のWebサイトを見つけたいとき、誰もが「検索」を行います。

例えば「下北沢でランチを食べたい」ときは、「下北沢　ランチ」と検索します。中華が食べたければ「下北沢　ランチ　中華」「下北沢　中華　駅近」などと検索するかもしれません。

● すべては、検索から始まる

検索結果の上位に表示されることが大事！

検索した後は、検索結果を見ながら上から順番に「どこにしようかな」と、アクセスしたいWebサイトを探します。つまり検索されたときに、検索結果の上位に表示されることが重要になります。

逆に言うと、検索結果の2ページ目、3ページ目に表示されている状態では、なかなかお客様と出会うことはできません。

Webメディアは検索されるメディア。**検索結果のなかから選んでクリックしてもらえなければ、自分のWebサイトは存在しないのと同じことなのです。**

⚠ SEOの重要性

検索結果のページにおいて、**Webサイトをできるだけ上位に表示させるよう対策することをSEO（Search Engine Optimization）と呼びます。**日本語に訳すと「検索エンジン最適化」という意味です。

日本ではGoogleとYahoo!Japanが、検索エンジンの2大サイトです。本書執筆時の2016年8月現在、Yahoo!JapanはGoogleの検索技術を使用しているため、Googleで1位ならばYahoo!Japanでもほぼ1位が約束されています（注意：キーワードによって多少の誤差があります）。

私たちは、いまのところ「Googleでの1位」を目指していけばよいということになります。Googleがどういう考え方（ポリシー）で、私たちのWebサイトの順位を決めているのかを知ることが重要です。

本書では第2章と第3章の前半で、Googleでの上位表示を目指すためのSEOについて解説していきます。

特性②　一瞬で嫌われるメディア

「下北沢　ランチ」で検索して、あるWebサイトにアクセスしたとします。次にお客様が行う行動は、次の2つのどちらかになります。

> ❶「ここ、いいかも」と思って、スクロールをする
> ❷「なんか違う」と思って、離脱する

つまり「選ばれるか、選ばれないか」「好かれるか、嫌われるか」ということになります。お客様は、一瞬でそのWebサイトの好き嫌いを判断します。**好き嫌いの判断材料は「第一印象だけ」です。**それも、ページ全体を見て判断するわけではありません。パソコンやスマホの画面に切り取られた「**ファーストビューの第一印象だけ」で判断する**ことになります。

ファーストビューとは、Webサイトに訪問したときに最初に表示される画面の

ことです。通常は、Webページの上の方だけになります。ファーストビューで**「どんな画像を見せるか」「どんなキャッチコピーで訴えるか」**が選ばれるかどうかの決め手です。

「下まで見てくれたら、良いWebサイトだってわかってもらえたのに」
「別のページには、もっと良いことがたくさん書いてあったのに」
　……という言い訳は一切通用しませんので、注意深くファーストビューを考えましょう。

● Webサイトは、ファーストビューが大事

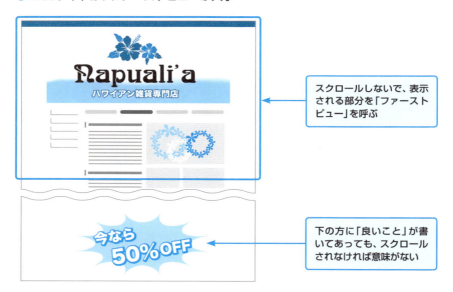

　Webサイトの特徴の2つ目は「一瞬で嫌われるメディアである」と覚えておきましょう。本書では、第一印象で好かれるためのキャッチコピーの作り方について、第4章で解説していきます。

特性③　縦スクロールのメディア

　ファーストビューの第一印象で、お客様に「ここいいね」と思ってもらえたら、次は**「スクロールしてもらうこと」**を考えましょう。Webサイトは縦スクロールのメディアです。紙との比較で考えてみましょう。

紙の場合は一覧性があります。全体を見せて、お客様に「どうぞ好きなところから読んでください」と、読み進め方をゆだねることができます。

● **紙メディアは一覧性がある**

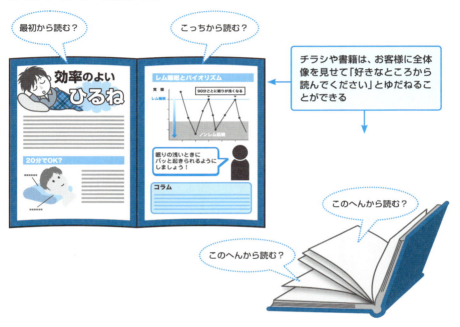

　一方、Webサイトの場合はどうでしょう？　お客様はWebサイトの一部分から入ってきて、読み進む先は下へのスクロールしかありません。リンクをクリックして、別のWebページに移動することもできますが、たどり着いた先で読み進む場合は、やはり下へのスクロールだけということになります。

　つまり、Webサイトの場合は読み方をお客様にゆだねることができず、Webサイトの作り手（Webライティングを担当した人）が、**「こういう順番に読み進めてください」とストーリーを設計しておく必要**があります。

⚠ **Webメディアはお客様が求めていることを順番に並べる**

　縦にスクロールしていって「なんだか、書いてあることがわかりにくい」「なんだか、求めているものと違っている」と感じてしまうと、お客様はそのタイミングで離脱してしまいます。

Webライティングではお客様にわかりやすく伝えること、**お客様が求めている順番に情報を並べていくことが大事**です。
　本書では、第3章でわかりやすい文章の書き方を、第5章で文章の構成方法などについて解説していきます。

● Webメディアは縦スクロールのメディア

気持よくスクロールさせて、お客様を下のボタンまで連れていきたい！

1. Webサイトは検索されるメディア。検索でヒットするように作ろう
2. Webサイトは一瞬で嫌われるメディア。第一印象で好かれる画像、第一印象で選ばれるキャッチコピーを作ろう
3. Webサイトは縦スクロールのメディア。気持ちよくスクロールされるような、Webライティングを心がけよう

成功法則 02 SEOで得られるメリット①
お客様の訪問数をアップさせる

SEOで得られる最大のメリットは、新しいお客様との出会いが増えるということです。特に、検索からやってくるお客様は本気度が高いので、購入につながる可能性も高まります。

| 集客アップ | ★★★★★ | 成約アップ | ★★★☆☆ | コンテンツ改善 | ★★☆☆☆ |

■ お客様との出会いにつながる

成功法則01 にも書いた通り、Webメディアの最大の特徴は「検索されるメディアである」ということです。多くの人が、検索から目的のWebサイトを見つけます。

あるインターネット利用者アンケートでは「あなたは普段、どのような情報源からウェブサイトをお知りになっていますか？」の質問に対して、**8割の人が「インターネットの検索サービス」と回答**しています。

実際、筆者の所属先企業が運営しているWebサイト「コトバの、チカラ」でも、訪問者の8割が「Organic Search（自然検索、検索エンジン経由）」でアクセスしていることがわかります。

● コトバの、チカラ（http://kotoba-no-chikara.com/）訪問者の割合

1 SEOに強い！Webライティングの基礎知識

検索エンジンで自分のWebサイトが上位に表示されれば、検索エンジン経由で、たくさんの訪問者を獲得できるようになります。

やる気のあるお客様を逃さない

　あなたのWebサイトには、どんな経路で訪問者がやってきていますか？　検索エンジン経由、メルマガ経由、どこかのWebサイトからリンクをたどってやってきた人もいるでしょう。広告のバナーを踏んできた人、FacebookやTwitterの記事を見て、Webサイトに流れてくる人もいるかもしれません。

　いろんなルートを経路して訪問してくる人のなかで、**検索エンジンからやってくる人は、かなり本気度の高いお客様です。**

　考えてみてください。

　検索でやってくる人は、何かに困り、解決策を探している人です。ふらっとバナーをクリックしてやってきた人とは意欲が違います。自ら検索している人は、能動的かつ積極的なお客様です。

　SEOをがんばって、自分のWebサイトを上位表示しておくことは、本気度の高いお客様との出会いを増やすことにつながります。逆に言うと、SEOができていないと、本気度の高いお客様に見つけてもらうことができない、本気のお客様と出会えないということになってしまうのです。

1 SEOで得られる最大のメリットは、新しいお客様との出会いの実現
2 検索するお客様は、能動的かつ本気度の高いお客様。検索しているお客様を逃さないためにも、SEOをがんばろう

成功法則 03 SEOで得られるメリット②
広告費の削減につながる

Webサイトへの集客のために広告を使うのもひとつの手法です。ただし、SEOでの集客ができれば、広告費をかけずに集客ができるようになります。

| 集客アップ | ★★★★★ | 成約アップ | ★★★☆☆ | コンテンツ改善 | ★★☆☆☆ |

広告とSEOとの役割分担を把握する

新しくWebサイトを作った場合、最初から多くの訪問者を集めることは難しいです。**Webサイト公開後の最初の課題は「集客」**になります。

SEOでの集客がベストだと思いますが、新しく作ったWebサイトがいきなり検索エンジンの上位に表示されることは、まずありえません。

Googleの仕組みを見てみましょう。

● GoogleのクローラーがWebサイトをめぐる

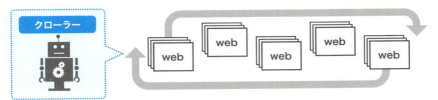

クローラーは世界中のWeb上のファイル（HTML、画像、PDFなど）を見て回り、情報収集を行うプログラムです。

クローラーがいつ私たちのWebサイトに訪問するかは、予測できません。「2～3週間でまわってくる」と言われていますが、Webサイトによって異なります。また、公開後すぐにクローラーがまわってきたとしても、いきなり検索順位が1位になることは難しいです。

⚠ サイト開設間もないころの施策

このように考えると、Webサイト公開後はSEOよりも広告に力を入れて、Webサイトへの集客を増やすほうが賢明です。

広告での集客を行いながらSEO対策を行い、順位を上げていくのです。徐々にいろいろなキーワードで検索エンジン経由のお客様が増えてきたタイミングで、広告費を少しずつ減らします。広告からの集客に頼らずに、SEOの力だけで十分な集客ができるようになったら、広告費をストップするやり方がベストです。

● 徐々に広告費を削減していく

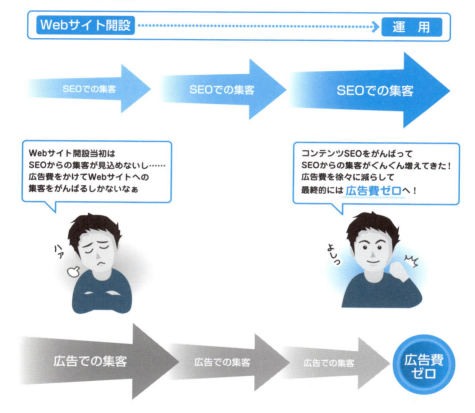

リスティング広告の難しさ

インターネット上の広告には、バナー広告、リスティング広告、SNS広告、メルマガ広告、アフィリエイト広告など、さまざまなものがあります。

ここではリスティング広告を例にして、SEOとの比較をしてみましょう。

● **インターネット広告は多種多様**

質問です。検索エンジンでなにかを検索して、次のような検索結果が表示されたとき、あなたは広告の部分からWebサイトを探しますか？ それとも、自然検索の部分から探しますか？

● **あなたならどこからクリックする？(「パソコン 法人」の検索結果)**

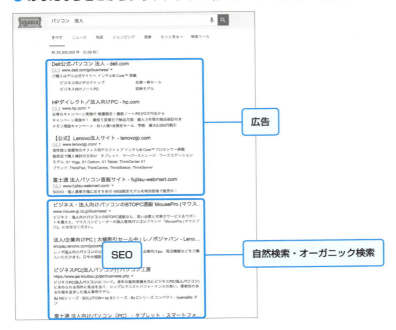

筆者はいろいろな企業、地方団体等に伺ってSEOのセミナーを行っていますが、このような質問をセミナーで行うと、ほとんどの人が「自然検索の部分から探します」「広告は無視します」と回答します。あるセミナー会場では、全員が「自然検索」の方に手を挙げたこともあります。

　数年前は「広告からクリックします」という人もある程度いましたが、最近は「広告を避ける」という人が増えています。これが、広告が難しくなっている要因のひとつです。

　一方で、広告費の高騰も課題です。年々ライバル企業が増えている業界では、1クリック数千円にまでクリック単価が上がってしまうケースもあります。むやみやたらにクリックされても、そのあとのコンバージョンや売り上げにつながらなければ、広告の無駄うちになりかねないのです。**クリックさせた後の転換まで考えて広告を出さなければならない点**が、広告の難しさのふたつめの要因になります。

　このように、リスティング広告は、年々難しくなってきていますので、早くSEOでの順位を上げて、お金をかけずに集客できるように努力しましょう。

1 Webサイトへの集客は、広告とSEOをバランスよく活用しよう
2 リスティング広告は運用が難しくなっている。SEOでの集客を目指そう

成功法則 04	SEOで得られるメリット③ コンテンツという財産ができる

コンテンツSEOは、がんばればがんばっただけ手元に「コンテンツという財産」を蓄積できます。制作したコンテンツは、再編集することによって新たなコンテンツに生まれ変わります。オリジナルコンテンツはWebサイトの価値を高め、ファンを増やし、人気サイトへ成長する原動力となるのです。

集客アップ	★★★★★	成約アップ	★★★★★	コンテンツ改善	★★★★☆

「コンテンツ＝財産」という考え方

SEOに本格的に取り組もうと思ったら、王道である「コンテンツSEO」を行ってください。コンテンツSEOとは、良質なコンテンツを継続的に作成していくことによって、検索エンジンでの順位を上げようという手法です。**お客様に役立つコンテンツを作っていくことがSEOの近道です。**

コンテンツは文章、画像、動画などによって作られますが、メインとなるのは文章です。「Webライティング」が重要です。

文章は画像や動画に比べると「作りやすいコンテンツ」です。製品やサービスについての詳しい説明をしたり、製品の良さ、メリットを伝えたり、お客様が抱える悩みについて語ったり、コミュニケーションを深めたりといったことを、文章を使って行っていきましょう。文章で作ったコンテンツは徐々に評価され、検索順位を上げる役割を果たします。

広告での集客は即効性が高く、広告を出したその日から集客が見込めるというパワーがあります。一方、コンテンツSEOは「コンテンツを作る時間」と「コンテンツが評価されて順位が付いてくるまでの時間」がかかるので、効果を実感できるまでに数カ月かかってしまいます。

ただし、**広告は「お金をかけて、力技で集客する」手法**です。広告をやめた瞬間に、集客力が落ちてしまうという怖さがあり、さらに自分のWebサイトには残るものが何もありません。

一方、コンテンツSEOは、**コツコツ制作した「コンテンツ」**が**財産**となって、いつまでも自分のサイトに残っていくことになります。長期的に考えると、広告での集客よりもコストパフォーマンスの良い施策となりえるのです。

●「コンテンツ＝財産」がどんどん増えていく

財産となったコンテンツがもたらすもの

　コンテンツSEOで作っていくコンテンツは、すべて「ユーザーの役に立つ高品質なコンテンツ」です。ユーザーが「役に立った」「おもしろかった」と思うと、FacebookやTwitterなどのSNSでシェアされ、コンテンツ自体がどんどん拡散されていきます。拡散されたコンテンツは、新たなユーザーの目に触れることになり、新たなユーザーをWebサイトに連れてきてくれます。

　最初のユーザーはコンテンツSEOからの集客でしたが、**拡散されたコンテンツからも新たな集客ができるようになる。これこそ、コンテンツSEOの醍醐味**です。

　図で整理すると、次のページのようになります。

● コンテンツが生み出す好循環

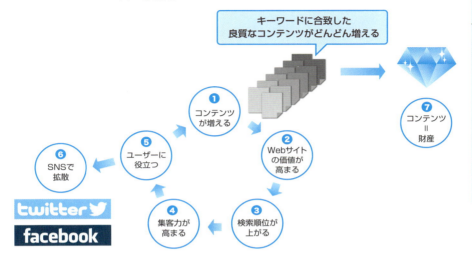

❶ コンテンツSEOによって、Webサイトに新しいコンテンツが増えます。
❷ Webサイトの価値が高まります。
❸ 検索順位が上がります。
❹ SEOによって、Webサイトへの集客力が高まります。
❺ コンテンツを見たユーザーが「役に立った」と感じます。
❻ ユーザーがSNSでシェアし、コンテンツが拡散されます。さらに新しい集客につながります。
❼ 以上のような好循環の結果、「コンテンツ＝財産」と言い切ることができます！

1 広告での集客と、コンテンツSEOでの集客の違いを理解しよう
2 コンテンツSEOで制作するコンテンツは「財産」となって蓄積できる
3 コンテンツを再利用することによって、さらに新しい「財産」を生み出すことができる
4 コンテンツSEOの好循環の流れを理解しよう

成功法則 05

SEOで得られるメリット④
Webサイトの価値を高める

コンテンツSEOで作り上げたコンテンツは、ファンを作り、Webサイトを人気サイトへと押し上げます。コンテンツを見て役に立ったと感じたユーザーは、リンクという形でWebサイトを評価します。良質なリンクはSEO的にも重要なので、Webサイトの順位を引き上げ、さらに新規ユーザーを呼び込むことにつながります。

| 集客アップ | ★★★★★ | 成約アップ | ★★★☆☆ | コンテンツ改善 | ★★☆☆☆ |

良質なコンテンツがリンクを集める

「ユーザーの役に立つ良質なコンテンツ」は、たくさんのリンクを集めます。リンクはWebサイトへの「好評価」という意味であり、SEO的にも価値があります。Googleのアルゴリズム改善施策「ペンギンアップデート」によって、質の悪いリンクはペナルティを受けるようになりました。しかし、コンテンツが評価された意味でのリンクは、質の高いリンクです。**質の高いリンク、特に関連性の高いWebサイトからのリンクは、SEO的な評価を高める要因**になります。

● 良質なコンテンツがリンクを集める

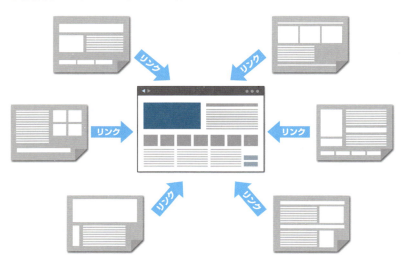

⚠ 良質なリンクの例

　例えばQ&Aサイトで、あるユーザーが「こんなことで困っています」と質問したとします。その質問に対して別のユーザーが「その悩み、その課題に対する答えは、このWebサイトに掲載されていますよ」とリンクを張って紹介したとします。あるユーザーのお悩みを解決するコンテンツとして紹介されたWebサイトは、良質なリンクを獲得したということになります。

　「Yahoo!知恵袋」「OKWave」「教えて！goo」などの人気Q&Aサイトからのリンクであれば、さらにリンクの価値が高くなります。

　また、みなさんは「Yahoo!砲」という言葉を聞いたことはありますか？　良いコンテンツは「Yahoo!ニュース」で取り上げられ（リンクされ）、多くのユーザーをWebサイトに誘導してくれます。

「コンテンツ＋リンク」の両輪が大事（Googleの仕組み）

　コンテンツSEOが有名になって、コンテンツの重要性が広く認知されるようになりました。コンテンツSEOが重要視される一方、「リンクの価値」は見落とされていないでしょうか？　SEOを行っていくうえでは、今も変わらず**「コンテンツの重要性」**と**「リンクの重要性」**があります。Googleの仕組みを理解して、「コンテンツ＋リンク」の両輪を鍛えていく大切さを忘れないようにしましょう。

　Googleの仕組みは、以下のようになります。

● Googleの仕組み

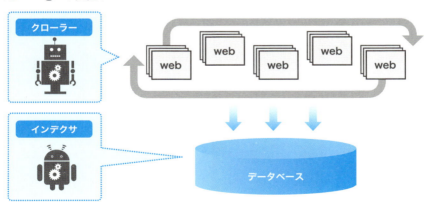

①クローラー

　Googleのロボットのひとつに「クローラー」があります。クローラーは世界中のWebサイトを巡回し、どんなWebサイトからどんな情報発信が行われているのかをチェックします。Webサイト上のコンテンツ、キーワードなどを丁寧にひろっていくのがクローラーの役割です。

　クローラーがWebサイトをめぐるための手掛かりになるのが、リンクです。リンクがなければ、クローラーは新しいWebサイトを見つけることも、たどることもできないのです。**Webサイトへのリンクが増えるということは、クローラーがWebサイトに立ち寄りやすくなるということ**です。

②インデクサ

「クローラー」が世界中のWebサイトをめぐり獲得した情報は、Googleの巨大なデータベースに登録されていきます。このとき活躍するロボットを「インデクサ」と呼びます。インデクサはWebサイトのキーワード、コンテンツの特徴などを整理しながら、Webサイトのあらゆる情報をデータベースに格納していきます。インデクサによる登録作業は、Webサイトのコンテンツが評価される第一歩となります。

　このようなGoogleの仕組みを理解すると、SEOにおいて「コンテンツも重要」であり「リンクも重要」であると理解できます。

ブランディング効果が期待できる

　インターネットユーザーの79%は「検索上位されているサイトを、その業界の主要な企業として認識する」というデータがあります。例えば「映画」と検索すると「映画.com」「Yahoo!映画」「TOHOシネマズ」などが上位に表示されます。「映画と言えば、やっぱり、映画.comだよね、Yahoo!映画だよね、TOHOシネマズだよね」という認識が生まれます。

●「映画」の検索結果

　「映画　ランキング」「映画　人気」などで検索しても「映画.com」が上位に表示されているので、私たちは映画のことならなんでも「映画.com」というふうに感じるようになっていきます。映画関連の検索を何度か行ったユーザーは「映画.com」という名称を覚え、映画関連の検索を行う際は「映画.com」と指名入力するようになるでしょう。

　Webサイト名、企業名、ブランド名等で検索されるようになれば、他社との比較をされることがなくなり、指名買いされるという結果につながります。**検索上位に表示されていることが、ブランディング効果を生み出している**ことになるのです。

1. 良質なコンテンツは、良質なリンクを集めることができる
2. リンクはWebサイトへの高評価であると理解しよう
3. 価値のないリンクではなく「コンテンツを評価されたから張るよ」という価値の高いリンクを集めよう
4. コンテンツSEOは、Webサイトのブランディングに貢献する

「コンテンツマーケティング」と「コンテンツSEO」

　アメリカでは既に80％以上の企業が取り組んでいると言われている「コンテンツマーケティング」。ここ数年、日本でも「コンテンツマーケティング」という言葉がひろがってきています。

　「コンテンツマーケティング」とは、ユーザー（お客様）にとって**「価値のあるコンテンツ」を提供しつづけることによって、売上げにつなげようとするマーケティング戦略**のことです。

　コンテンツは内容（中身）という意味で、Webサイトの場合、記事、画像、動画などが含まれます。Webサイトそのものがコンテンツであり、具体的には、ブログ、ホワイトペーパー（eBook）、ソーシャルメディア、プレスリリースなどもコンテンツに含まれます。

「コンテンツSEO」は、コンテンツマーケティングに含まれる手法です。せっかくWebサイトのなかにコンテンツ（主に記事コンテンツ）を作っていくのであれば、**キーワードを盛り込みSEOにも効果的なコンテンツを作っていこう**という考え方です。

「コンテンツマーケティング」や「コンテンツSEO」に取り組んでいくためには、**「Webライティング」の知識や技術が不可欠**なのです。

Chapter - 2

集客力のあるWebサイト構築
～キーワード選定とコンテンツ企画～

コンテンツSEOを成功に導くためには、コンテンツ制作前の準備が不可欠です。どんなターゲットに対して、どんなキーワードを選び、どんなコンテンツを作っていくかを企画、設計していきましょう。

成功法則 06 失敗しない「キーワード選定」3つのポイント

キーワード選定とは「どんなキーワードで上位表示を目指していくか」を決めていく作業のことです。集客、成約につながるキーワードを洗い出しましょう。

| 集客アップ | ★★★★★ | 成約アップ | ★★★☆☆ | コンテンツ改善 | ★★★☆☆ |

ポイント① マーケティングの3Cを理解する

マーケティングのフレームワークのひとつに3Cという考え方があります。マーケティングの戦略を立てるときに使えるフレームワークとして有名ですが、**キーワード選定の際にも、3Cを頭に入れておくことが大事**です。

3Cとは、「市場・顧客(Customer)」「競合(Competitor)」「自社(Company)」の頭文字のことです。

● マーケティングの3C

⚠ 自社(Company)

コンテンツSEOを行うためには、**継続的にオリジナルコンテンツを作っていくことが大事**です。自社で、オリジナルコンテンツを作り続けられるだけの**知識、**

技術、ノウハウ等があるかどうかについて検討しましょう。

例えば、「パソコン教室」というキーワードでSEOを行いたいと思ったとき、パソコン教室を全国展開で20年運営してきたＡ社では、「パソコン教室を長続きさせるための成功のポイント」、「受講生がパソコン操作で失敗しやすい点」、「年齢別、地域別のお客様の声」など**たくさんのコンテンツを経験、実体験として掲載することができます**。これは、Ａ社でしか書けないオリジナルコンテンツとなります。

一方、新たにパソコン教室をはじめるＢ社の場合は、Ａ社が作る「体験に基づくコンテンツ」の掲載が難しいので、別のアイデアでオリジナルコンテンツを発信していかなければなりません。

⚠ 市場・顧客（Customer）

キーワード選定をする際に「そのキーワードを検索するユーザー（顧客）がいるかどうか」を考えることは不可欠です。**そのキーワードを検索する人がいなかったらどうでしょうか？**　Webサイトへの集客が見込めません。**顧客がいるか、市場があるかという視点**で、分析を行っておきましょう。

特に、各社独自の商品名やサービス名称などは、その名称を知っている人しか検索することができません。例えば、ある企業で空気清浄機の「SSSトリプルスリー空気キレイ君」という商品を新発売したとしましょう。「空気清浄機」というキーワードで検索する人はいても、「SSSトリプルスリー空気キレイ君」という言葉を知らなければ、**この言葉で検索する人はゼロなのです**。つまり、「SSSトリプルスリー空気キレイ君」で1位になっても、**この商品名が認知されるまでは、あまり意味がない**ということになってしまいます。

⚠ 競合（Competitor）

どんなに良いキーワードがあっても、Googleの上位1位から10位まで、すべて大手サイト、大企業ばかりが独占していたらどうでしょう。「ここに**割り込んで1位**に入ることができるだろうか？」と考えてみてください。

インターネットは実店舗と違って、競合他社のWebサイトがすぐ隣にあるような状況です。**検索ひとつ、クリックひとつで、お客様は他社のWebサイトのほうに逃げて**行ってしまいます。上位表示させたいキーワードについて、どんな競合があるのかを、事前にしっかりとリサーチしておきましょう。

2

集客力のあるWebサイト構築
〜キーワード選定とコンテンツ企画〜

ポイント②　ビッグキーワード1語を狙うのではなく、ロングテールの複合ワードを狙う

「パソコン教室を開いているので、お客様が"パソコン教室"と検索したときに自社サイトを1位で表示させたい」

キーワード選定での失敗例として多いのは、このように、キーワードを1語に絞ってしまうパターンです。特に、ビッグキーワードと呼ばれる難しいキーワードを目標にかかげてしまい、なかなか順位が上がらない状況で苦しんでしまう例があります。

ビッグキーワードとは、**「検索数が多く、競合が多く、上位表示が難しいキーワード」**を指します。キーワードをビッグキーワード1語に決めてしまう人は「そのキーワードは検索ボリュームが多く、たくさんの人に調べられているキーワードだから選びました。サイトへの集客などに効果的だと思ったからです」と話します。ところが、ビッグキーワードは**ライバルサイトも多く、大手企業が上位を独占している場合もある**ため、いまからSEOを行ってもなかなかうまくいきません。

試しにGoogleで、「パソコン教室」と検索してみてください。

●「パソコン教室」で検索したときのGoogleの表示結果

広告が多く表示されているということは、**「お金を出してでも自社サイトをこの位置に表示させたい」**ということです。「パソコン教室」というキーワードが「集客するのに良いキーワード」だと考えている人が多い、つまり**競合が多い**という意味です。

広告の下の1位～10位のWebサイトもチェックしてみましょう。**大手企業、有名なサイト、比較サイト**などが多くランクインしていませんか？　自社サイトの検索順位を上げて、ここに割り込んでランクインさせることができるかと考えると、1ワードの**ビックキーワードでは、難しいケースが多いです。**

⚠ ロングテールキーワードを狙う

「ビッグキーワード＝需要があるキーワード」ということで、SEO初心者はビッグキーワードで上位表示を狙いたがる傾向があります。しかし、**競合が多いビッグキーワードで上位表示することは簡単ではありません。**

そこでおすすめするのが、**ビッグキーワードよりもロングテールキーワードを狙う**ことです。ロングテールキーワードとは、月間検索数が数十回のキーワードのことです。検索数が少ないので、競合も少ないケースが多く、**SEOを行いやすい（割と早く上位に上がってきやすい）**という特徴があります。

● ロングテールキーワードとは

例えば、「化粧水」を販売しているネットショップであれば、「化粧水」という1語のキーワードではなく、「化粧水　付け方」「化粧水　口コミ」「ニキビ　化粧水」「化粧水　付け方　コットン」などの複合キーワードを選ぶということです。

「化粧水」を例にとると、「化粧水」がビッグキーワード、「化粧水　人気」「化粧水　付け方」がミドルキーワード、「化粧水　人気　口コミ」「化粧水　30代

おすすめ」「化粧水　エイジング」といったものがロングテールキーワードになります。

● ロングテールキーワードは検索意図が明確

「化粧水　人気　口コミ」
「化粧水　30代　おすすめ」
「化粧水　エイジング」

ポイント③　ユーザーの検索意図を考える（調べるワード、買うワード）

第1章にも書きましたが、お客様は目的のWebサイトを見つけたいときに「検索」を行います。例えば、「下北沢で、ランチを食べたい」ときは「下北沢　ランチ」と検索します。中華が食べたければ「下北沢　ランチ　中華」「下北沢　中華　駅近」などと検索するかもしれません。

このように**お客様が検索するキーワードには、検索意図が含まれている**のです。検索意図としては「調べたい」「知りたい」「買いたい」「修理したい」など、さまざまなシーンがありますが、大きく2つ（調べるワードと買うワード）に分類することができます。

調べるワード

言葉の意味を調べているときに検索するようなキーワードのことです。「調べたい」「知りたい」などは調べるワードです。一般的に「調べるワード」は、検索数が多い（需要が多い）のですが、「調べて納得して終わり」なので、購入につながりにくい傾向があります。

買うワード

行動に結び付くキーワードのことです。「買いたい」「修理したい」などは買うワードにあたります。一般的に「買うワード」は、検索数が少ない（需要が少ない）場合が多いのですが、購入につながる可能性が高くなります。

言葉の意味を知りたい、スペルを知りたいという人の場合、「固有名詞」といっしょに「とは」「意味」「英語」「スペル」といったキーワードを入力して検索する

でしょう。

　物を購入したい人の場合、「品名」といっしょに「送料無料」、「通販」「即日」「安い」といったキーワードを入力して検索するでしょう。集客するだけではなく、買ってもらおうと考える場合は、たとえ検索数が少なくても「買うワード」を選ぶ必要があります。

　キーワード選定を行う際は、お客様の検索意図まで考慮しましょう。

● **検索意図の例**

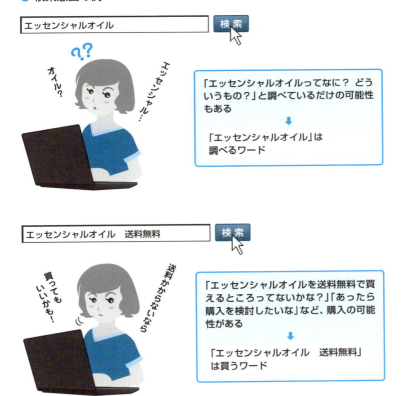

1. マーケティングの3Cを理解しよう
2. ビッグキーワード1語を狙うのではなく、ロングテールの複合ワードを狙おう
3. お客様の検索意図を考えよう（調べるワード、買うワード）

成功法則 07 ツールを使って「キーワード」を大量に洗い出す

良いキーワードを選定するためには、候補となるキーワードを大量に洗い出すことが大事です。ターゲット、商品、自社サイト等に熟知した担当者の経験等からキーワードを探ることも大事ですが、大量に洗い出す際は、ツールを活用しましょう。ここでは、インターネット上にある無料ツールについて説明します。

| 集客アップ | ★★★★★ | 成約アップ | ★★★☆☆ | コンテンツ改善 | ★★★☆☆ |

Googleサジェストで、過去の検索ワードを集める

キーワードを探し出す際に役立つ便利ツールが、「グーグルサジェスト キーワード一括DLツール」です。

● グーグルサジェスト キーワード一括DLツール
（http://www.gskw.net/）

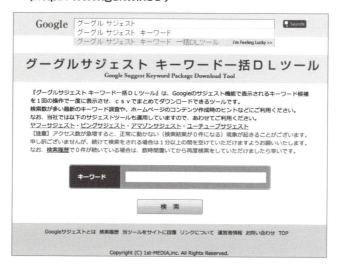

「キーワード」欄にキーワードを入力して、「検索」ボタンをクリックするだけでOKです。**入力したキーワードのサジェストキーワードが表示**されます。さらに、

「CSV取得」のボタンをクリックすれば、CSVファイルをダウンロードすることができます。

　例えば「スムージー」というキーワードで調べてみましょう。お客様が「スムージー」と一緒に入力するキーワードとして「ダイエット」「ミキサー」「カロリー」などがあるとわかります。

● 「スムージー」の関連キーワード

| スムージー
　○ スムージー ダイエット
　○ スムージーとは
　○ スムージー ミキサー
　○ スムージー 英語
　○ スムージー おすすめ
　○ スムージー 機械
　○ スムージー 効果
　○ スムージー コンビニ
　○ スムージー 野菜

| スムージー ＿
　○ スムージー ダイエット
　○ スムージー レシピ
　○ スムージー おすすめ
　○ スムージー 英語
　○ スムージー 機械
　○ スムージー 効果
　○ スムージー コンビニ
　○ スムージー 野菜
　○ スムージー カロリー
　○ スムージー レシピ 人気

伸びる？　伸びない？　検索トレンドをチェックする

　Googleトレンドは、特定の**キーワードの検索回数が時間経過に沿ってどのように変化しているか**をグラフで参照できるサービスです。Googleトレンドに任意のキーワードを入力して検索を行ってみてください。そのキーワードが過去のどのタイミングで、どのくらい検索されていたのかを線グラフで参照することができます。

　特定のキーワードが過去からどんな推移で検索されてきたのか、検索の歴史をさかのぼることができると同時に、今後の検索数の予測を行うこともできます。

45

使い方は簡単。「トピックを調べる」欄に特定のキーワードを入れて検索するだけです。例えば、「スムージー」というキーワードについて調べてみましょう。2012年ころから急速に検索数を伸ばしているのがわかります。逆に検索数が減っているキーワードもあります。検索数が減っているキーワードの場合は、**「SEOをがんばって1位になっても、検索する人が減ってくる可能性がある」**と読み解くことができます。

　キーワードについてどのように解釈するかは、各企業での捉え方にもよりますが、**検索傾向を知ることはSEO対策において重要**です。

● Googleトレンドで「スムージー」を調べた場合
（https://www.google.co.jp/trends/）

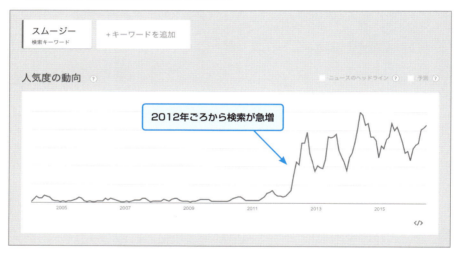

⚠ 2つのキーワードの検索トレンドを比較する

　Googleトレンドは、2つのキーワードの比較を行うこともできます。「メールマーケティング」と「コンテンツマーケティング」を比較してみましょう。**「メールマーケティング」というキーワードは検索数が減ってきているのに対して、「コンテンツマーケティング」というキーワードは検索数が増えています。**どちらのキーワードでSEOを行うかについての参考資料になります。

46

● 「メールマーケティング」と「コンテンツマーケティング」の比較

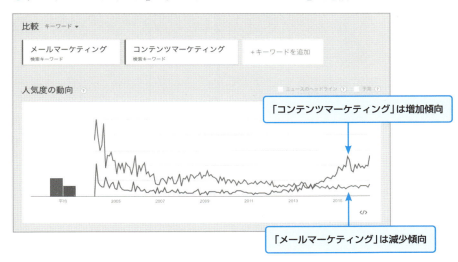

月に何回？ 検索需要をチェックする

　キーワードプランナーは、Google Adwords（アドワーズ）の機能のひとつです。「キーワード」の月間検索数や競合性を調べたいときに使うと便利です。Googleアカウントでログインしてから使用します。

● キーワードプランナー
　（https://adwords.google.co.jp/KeywordPlanner）

例として「パソコン教室」というキーワードを調べてみます。**月間平均検索ボリュームは「1ヵ月に平均何回検索されているか」を数字で示しています。**「パソコン教室」は、1ヵ月に14,800回検索されているということになります。下には「パソコン教室」に関連した、キーワード候補が表示されます。

● 「パソコン教室」の検索結果

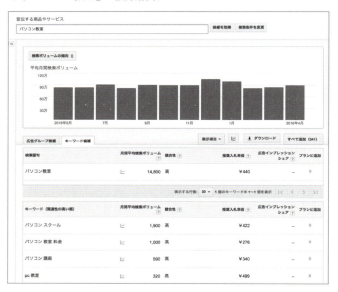

「パソコンスクール」で1,900回、「パソコン教室　料金」で1,000回、「パソコン講座」で590回検索されています。**データとして保存したいときは、右上の「ダウンロード」ボタンをクリックします。**CSVデータとして、自分のパソコン等に保存することが可能です。

1. 「グーグルサジェスト キーワード一括DLツール」で、キーワードと一緒に調べられている関連キーワードを抽出しよう
2. 「Googleトレンド」で、キーワードの過去の検索推移を調べ、将来の検索推移を予測しよう
3. 「キーワードプランナー」で、キーワードが1ヵ月で何回くらい検索されるのかという検索需要を調べよう

成功法則 08 競合サイトを調査する

SEOを行う場合、自社と同じキーワードですでに上位表示している「競合サイト」を調べることが大切です。競合サイトには「どんなWebサイト」があるのかを調べ、いくつかの競合サイトの特徴を調べていきます。

| 集客アップ | ★★★★★ | 成約アップ | ★★★☆☆ | コンテンツ改善 | ★★★☆☆ |

競合サイトを探す

　SEOの競合サイトとは、自社サイトで「1位になりたい」と思っているキーワードで、**すでに上位表示しているWebサイト**のことです。例えば、「スムージー　ミキサー」で1位を目指す場合は、検索エンジンで「スムージー　ミキサー」と検索してみます。次のような結果が出ました。

● 検索エンジン（Google）での「スムージー　ミキサー」の検索結果

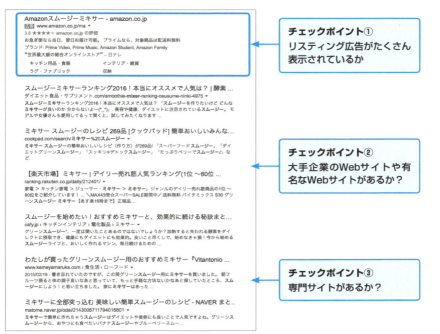

チェックポイント①
リスティング広告がたくさん表示されているか

チェックポイント②
大手企業のWebサイトや有名なWebサイトがあるか？

チェックポイント③
専門サイトがあるか？

1ページ目に表示されるWebサイトを一つひとつ見ていきましょう。チェックポイントは以下のとおりです。

⚠ チェックポイント① リスティング広告がたくさん表示されているか

リスティング広告を出すということは、**「お金を払ってでも、このキーワードの検索結果として表示させたい」** という意味です。他のWebサイトにとっても、「売れるキーワードである」と解釈できますので、「SEOの難易度が高いかもしれない」と予測ができます。

⚠ チェックポイント② 大手企業や有名なWebサイトがあるか？

誰でも名前を知っているような企業のWebサイトがあった場合、**「このWebサイトを押しのけて1位を目指すことができるだろうか」** と考えてみてください。ただしこの時点で「難しい」とあきらめる必要はありません。「楽天市場」や「Amazon」などは、どんなキーワードで検索してもある程度上位に入ってきます。**検索したお客様が「楽天市場」や「Amazon」を避けて、それ以外のWebサイトからクリックするという可能性**もあります。

⚠ チェックポイント③ 専門サイトがあるか？

専門サイトとは、「スムージー用のミキサー専門店」のように「スムージー　ミキサー」での上位表示をメインで狙っているようなWebサイトのことです。専門サイトは総合サイトに比べて、SEOに有利な側面がありますので、**専門サイトが上位にひしめき合っている状態の場合**、「このキーワードでの上位表示は難しいかもしれない」という予測ができます。また、専門サイトはアフィリエイターが運営しているWebサイトの場合もあります。**アフィリエイターのサイトは、SEOにものすごく力を入れている可能性**がありますので、要チェックです。

SimilarWeb（シミラーウェブ）で競合調査

SimilarWebは、URLを入力するだけで、**サイトの分析**ができるツールです。月間訪問者数やアクセス時の検索キーワードや、Googleアナリティクスでは調べられない「not provided」を含むキーワード分析が行えます。無料版と有料版があります。検索キーワードなどを表示するのは、無料版では上位10件までですが、有料版は無制限です。競合サイトがどのようなキーワードで集客しているのかをつかむために便利なツールです。

● SimilarWeb（シミラーウェブ）　https://www.similar-web.jp/

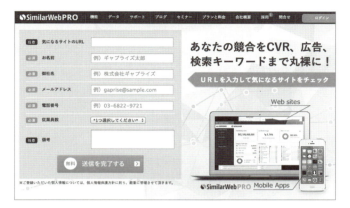

⚠ チェックポイント①　競合サイトの集客方法をチェック

　下の図を比較してみましょう。SimilarWeb（シミラーウェブ）を使うと、そのWebサイトのTraffic Sources（どこからの集客が、どの程度あるのか）がわかります。

● Aサイト

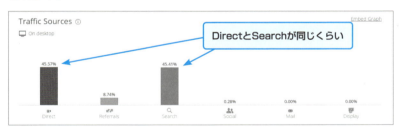

● Bサイト

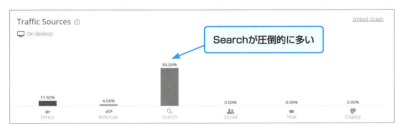

注目してほしいのは、「Search」(検索エンジン経由の集客)の割合です。Aサイトは、Direct（メールやブックマーク等、ダイレクトにURLをクリックして訪問する人）の割合がある程度多いのに対して、Bサイトは、圧倒的にSearch（検索エンジン経由）の集客が多いです。Bサイトは、**「SEOをしっかり行い、SEOでの集客に力を入れているのではないか」**ということが想像できます。

⚠ チェックポイント②
競合サイトの集客キーワードをチェック

　競合サイトが**「どんなキーワードで集客しているか」**をチェックしてください。無料版ではキーワードの一部しか見ることができませんが、有料版（Pro）ではすべての集客キーワードをチェックすることができます。

● Organic Keywordsをチェック

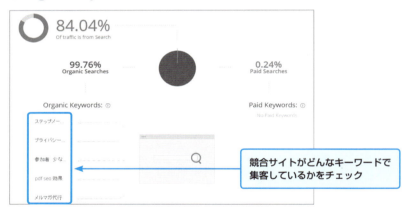

SEOチェキ！で競合調査

　「SEOチェキ！」(http://seocheki.net/)はSEOに特化した無料ツールです。
　競合サイトのURLを入力してみましょう。URLを入れたページの**重要タグ（title,description,keywords,h1）**にどんなキーワードが書かれているかをチェックすることができます。
　SEOを行っているWebサイトであれば、重要タグにキーワードが書かれていますので、ここをチェックすることによって、**URLを入力したページがどんなキーワードでSEOを行っているのか**がわかるというわけです。

他にも、以下の点をチェックしておきましょう。

最終更新日時

SEOを行っているサイトであれば、Webサイトの更新をひんぱんに行っているはずという仮説が立ちます。

インデックス数

Googleのデータベースに登録されているページ数のことです。必ずしも「インデックス数が多いほうが、SEOに有利」というわけではありませんが、**競合サイトのボリューム、規模を把握する**ために参考にしてください

● 「SEOチェキ！」での調査結果

1. 狙いたいキーワードで検索してみて、すでに上位表示している「競合サイトにどんなWebサイトがあるのかを調べよう
2. 競合サイトをチェックする際は、最初は1サイトずつ自分の目でチェックしよう
3. ツールを使ったチェックも忘れずに

成功法則 09 ここがスタート！現状の順位を調べる

SEOでは現状把握が重要。狙いたいキーワードで検索したとき、「自社サイトの順位が何位なのか」を調べることがSEOのスタートです。インターネット上には、無料で使えるSEOツールがたくさんあります。調べたいキーワードでの順位をその場でチェックできるツールと、たくさんのキーワードでの順位を継続的にチェックするツールの2種類を紹介します。

| 集客アップ | ★★★★★ | 成約アップ | ★★☆☆☆ | コンテンツ改善 | ★★☆☆☆ |

調べたいときにインターネット上で即チェック！

「このキーワードで、いま何位だろう？」と思ったときに、ブラウザ上で気軽に**調べられるツール**があります。「SEOチェキ！」(http://seocheki.net/) や「RANKING CHECKER」(http://broadentry.com/rankingchecker/) です。どちらのツールもインターネット上で使用できるツールです。

● 「SEOチェキ」での順位調べ

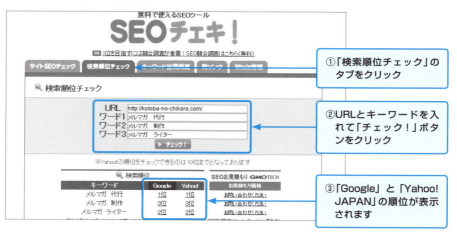

調べたいWebサイトのURLとキーワードを入力すると、**検索順位を表示してくれます。**「SEOチェキ」は一度に3つのキーワードを、「RANKING CHECKER」は5つのキーワードを調べることができます。通常は数秒で結果を返してくれるので、ストレスなく順位を調べることができます。

● 「RANKING CHECKER」での順位調べ

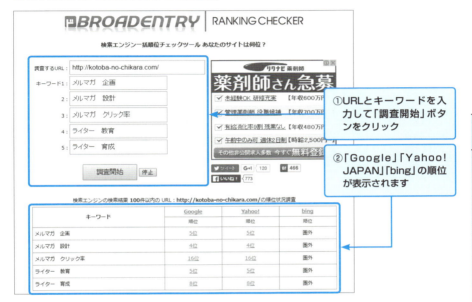

たくさんのキーワードでの順位を継続的にチェック

「SEOチェキ！」や「RANKING CHECKER」がインターネット上で使えるのに対して、「GRC」（http://seopro.jp/grc/）は、自分のパソコンにインストールして使うタイプのツールです。以下の特徴があります。

- 一度に数多くのキーワードの順位が調べられる
- 前回の順位チェック以降、順位が上がったのか下がったのかわかる
- 過去の順位の履歴をGRCのツール上に保管しておける
- どのページがランクインしているのかわかる
- 月間平均検索ボリュームもセットできる

無料版、パーソナルライセンス、ビジネスライセンスがあります。無料版では、3URL、20語まで検索可能となっていますので、まずは無料版で試してみることをおすすめします。

● 「GRC」での順位調べ

①あらかじめサイトURLとキーワード（検索語）をGRCにセットしておく

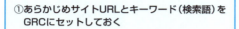

②順位チェックを行うと、「Google」と「Yahoo! JAPAN」と「bing」の順位が表示されます

③前回のチェック以降、順位が上がったのか（赤い↗）、下がったのか（青い↘）もわかります

⚠ ランクインしているページはトップページ？　それとも……

　順位が付いているページは、Webサイトのトップページとは限りません。**「階層の低いページが特定のキーワードで1位になっている」**ということは、よくあるケースです。

　「GRC」を使うと、**ランクインしているページがどのページなのかが明確**になります。

● 「GRC」でランクインしているページを探す

「ステップメール　企画」というキーワードで検索すると、「コトバの、チカラ」のWebサイトは1位に表示されますが、1位になっているページは「コトバの、チカラ」のトップページではなく、「http://kotoba-no-chikara.com/blog/n-kamiike11」だということがわかります。

　ちなみにこのページは、SEOのために作ったコンテンツページです。**狙ったキーワード（ステップメール　企画）でコンテンツを作り、作ったコンテンツページ（コラム）が1位になっている例**です。

⚠ モバイルサイトは、GRCモバイル

　GRCモバイル（http://seopro.jp/grcmob/）は、モバイル検索に特化したツールです。Googleでは、PC版とスマートフォン版の結果が異なるようになってきました。スマートフォンでの順位を調べたいときは、GRCモバイルを利用しましょう。GRC（PC版）との連携も可能です。ライセンスは、GRC同様に3種類があります。

1. 自社サイトの検索順位を知ることがSEOのスタートです
2. 順位チェックの方法は2パターン。インターネット上で即チェックする方法（SEOチェキ！等）と、たくさんのキーワードを継続的にチェックする方法（GRC）
3. GRCを使う場合は順位だけではなく、どのページがランクインしているのかもチェックしよう

成功法則	キーワードに優先順位を付けて
10	年間スケジュールで管理する

キーワードの洗い出しに時間をかけると、たくさんのキーワードが見つかります。たくさんのキーワードがあるということは、それだけ自社サイトへの流入の可能性が増えるという意味です。キーワードに優先順位を付けましょう。SEOは成果が出てくるまでに時間がかかるものです。スケジュールを決めて、コツコツ取り組むようにしましょう。

集客アップ	★★★★★	成約アップ	★★★☆☆	コンテンツ改善	★★★☆☆

■ キーワードを100件くらいに絞り込む

成功法則07 で紹介したツールを使ってキーワード選定を行っていくと、数十件から数百件のキーワードが見つかります。Webサイトの規模、予算、体制等にもよりますが、**最初は100件程度のキーワードに絞って対策を行いましょう。**

キーワードの候補が多すぎると、この後説明する**キーワードの優先順位付けにも時間がかかりますし、必要なコンテンツの数も大量**になります。コンテンツアップ後の**順位チェック等の管理も煩雑**になってしまいます。

逆にキーワードが少なすぎると、難易度の高いキーワードばかりになってしまったり、またはロングテールのキーワードばかりになってしまったりと、キーワードに偏りが出てしまうかもしれません。

難易度の高いキーワード、難易度の低いキーワードを織り交ぜて、100件ほどのキーワードに絞ることをおすすめします。最初に難易度の低いキーワードで対策を行い、少しでも**成果が上がれば、長期的な取り組みも楽しく行う**ことができます。

■ キーワードに優先順位を付ける

成功法則09 で説明したように、自社の順位を調べてみて「よかった。上位表示できている」と思うこともあれば、「ぜんぜん上位に入っていない。すぐに対策しなければ」と思うケースも多いです。

15位、30位などの順位が付いたキーワードは**「もう少しがんばれば1ページ目に入れる位置」**と解釈できます。「なんとかして上位表示へ」と期待が高まる一

58

方で、「どのキーワードから対策していけばいいの？」と焦ってしまうかもしれません。

そこで、洗い出したキーワードに優先順位を付けます。例えば、以下のような目標を目安にします。もちろんWebサイトの規模感、予算、スピード感によって異なりますが、一例として参考にしてください。

大目標

時間をかけてじっくり対策していくキーワード。上位表示が難しそうなビッグキーワードのうち、「ビッグキーワードだけど将来的に狙っていきたい」というキーワードを中心に**5個くらい**設定します。

中目標

大目標の次に難しいキーワード。**10～15個くらい**のキーワードを設定してみましょう。

小目標

すぐに対策を行い、上位表示したいキーワード。スモールキーワード、ロングテールキーワードを小目標に設定しましょう。ケースバイケースですが、30個～70個くらい設定してみましょう。

「スムージー」を扱う場合のキーワードの優先順位付けの例

「スムージー」を扱うWebサイトの場合でも、「スムージー」という単一キーワードでの上位表示を狙っていく場合と、「スムージー　ミキサー」を狙っていく場合では、**目標の付け方が異なってきます**。イメージをつかんでほしいので、一例としてご覧ください。

⚠ 「スムージー」での上位表示を狙う

次ページの表は「スムージー」でキーワード選定した場合のシートです。「スムージー」というキーワードで検索してみると、**すでに有名サイトや大手企業のサイトが1位以降にたくさん**並んでいます。リスティング広告もたくさん出ていることからも、「スムージー」が売れるキーワードであることがわかります。

いまから新しいWebサイトを立ち上げて「スムージー」での上位表示を狙っ

2

集客力のあるWebサイト構築
～キーワード選定とコンテンツ企画～

59

ていくのは難しいのですが、例として以下のように目標設定してみました。

● 目標設定の例（スムージー）

キーワード	月間平均検索数	目標
スムージー	60500	大目標
スムージー　ダイエット	14800	大目標
スムージー　ミキサー	9900	大目標
スムージー　レシピ	9900	大目標
グリーンスムージー　ダイエット	4400	中目標
グリーンスムージー　効果	3600	中目標
ダイエット　スムージー	3600	中目標
スムージー　効果	2900	中目標
スムージーの作り方	2900	中目標
スムージー　作り方	2900	中目標
ミキサー　スムージー	2400	中目標
酵素スムージー	2400	中目標
スムージー　おすすめ	1600	中目標
野菜スムージー	1300	中目標
ナチュラルヘルシースタンダード　効果	1300	小目標
スムージー　ダイエット　レシピ	1300	小目標
スムージー　ダイエット　効果	1000	小目標
スムージー　ミキサー　おすすめ	1000	小目標
スムージー　カロリー	1000	小目標
グリーンスムージー　ダイエット 効果	880	小目標
フルーツスムージー	880	小目標
スムージー　人気	880	小目標
グリーンスムージー　粉末	880	小目標
ダイエット スムージー　レシピ	880	小目標

※以下省略

⚠ 「スムージー　ミキサー」での上位表示を狙う

　次は「スムージー」での上位表示を狙わずに「スムージー　ミキサー」での上位表示を狙っていく場合の優先順位付けの例です。**例えば「スムージー専用ミキサー」を販売しているECサイトの場合**は、「スムージー」というビックキーワードを捨てて、「スムージー　ミキサー」「ミキサー　スムージー」に徹して、スムージーとミキサーに関する情報で、**集中的にコンテンツを作っていったほうが効**

果的かもしれません。

● **目標設定の例（スムージー　ミキサー）**

キーワード	月間平均検索数	目標
スムージー　ミキサー	9900	大目標
ミキサー　スムージー	2400	大目標
スムージー　ミキサー　おすすめ	1000	中目標
グリーンスムージー　ミキサー	590	中目標
スムージー　ミキサー　人気	390	中目標
スムージー　ミキサーなし	320	中目標
スムージー　ミキサー 価格	320	中目標
スムージー　ミキサー　レシピ	210	中目標
スムージー用ミキサー	170	中目標
ミキサー　スムージー　レシピ	170	中目標
ミキサー　おすすめ　スムージー	140	中目標
スムージー　おすすめミキサー	140	中目標
ミキサー　スムージー　おすすめ	110	中目標
スムージー　作り方　ミキサー	110	中目標
ミキサーなし　スムージー	110	小目標
グリーンスムージー　ミキサー　おすすめ	90	小目標
スムージー　ミキサー　氷	90	小目標
スムージーミキサー　ランキング	90	小目標
ハンドミキサー　スムージー	90	小目標
ミキサーなしでスムージー	70	小目標
ミキサーでスムージー	70	小目標
スムージー　ミキサー　一人用	70	小目標
パナソニック　スムージー　ミキサー	70	小目標
バナナスムージー　ミキサーなし	50	小目標
野菜スムージー　ミキサー	50	小目標
スムージー ミキサー　安い	40	小目標
おすすめスムージーミキサー	40	小目標
スムージー　ミキサー　違い	40	小目標

※以下省略

優先順位を付けたキーワードで年間スケジュール立案

　目標が決まったら、「どのキーワードをどのタイミングで対策するか」を決めていきましょう。**小目標は、大目標に比べると競合も少なく対策しやすいので、小目標から順番に対策していくこと**をおすすめします。また15位、30位など「もう少しがんばれば1ページ目に表示される」というキーワードも、優先的に対策していきたいキーワードです。

　年間スケジュールには、**いつコンテンツを執筆して、いつサイトにアップするか**を明記しておきましょう。定期的な順位チェックも忘れずに！

　繰り返しますが、**SEOはすぐに結果が出るとは限りません。コツコツ、継続的な取り組み**を行っていきましょう。

● 年間スケジュールの例

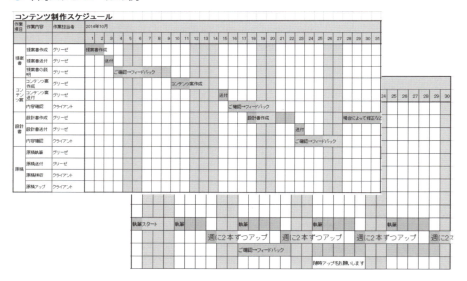

1. キーワードを100件くらいに絞り込もう
2. キーワードは大目標、中目標、小目標で管理しよう
3. 年間スケジュールを立てて、コツコツ対策していこう

成功法則 11

「良質で有益なコンテンツ」を企画する

Googleは「良質で有益なコンテンツ」を評価します。「キーワードを含めながら、良質で有益なコンテンツ」を継続的に作っていくためにはどうしたらいいのでしょうか？　他社と違うオリジナルコンテンツであり、かつお客様にとって役立つコンテンツを作るためのポイントを説明します。

集客アップ	★★★★★	成約アップ	★★★☆☆	コンテンツ改善	★★★★☆

Googleが考える「良質で有益なコンテンツ」の正体とは

　Googleは検索順位を決定するアルゴリズムにおいて、**コンテンツを重視する傾向を強めています**。「Google検索品質評価ガイドライン」でも、コンテンツの重要性が書かれています。

● 「Google検索品質評価ガイドライン（2016年3月版）」（その後アップデートあり）
http://static.googleusercontent.com/media/www.google.com/en//insidesearch/howsearchworks/assets/searchqualityevaluatorguidelines.pdf

General Guidelines
March 28, 2016

General Guidelines Overview.. 4

0.1	The Purpose of Search Quality Rating		5
0.2	Raters Must Represent the User		5
0.3	Browser Requirements		5
0.4	Ad Blocking Extensions		5
0.5	Internet Safety Information		5
0.6	Releasing Tasks		6

Part 1: Page Quality Rating Guideline 7

1.0	Introduction to Page Quality Rating		7
2.0	Understanding Webpages and Websites		7
2.1	Important Definitions		7
2.2	What is the Purpose of a Webpage?		8
2.3	Your Money or Your Life (YMYL) Pages		9
2.4	Understanding Webpage Content		9

2

〜集客力のあるWebサイト構築
〜キーワード選定とコンテンツ企画〜

Googleは、Webサイトの評価をロボットによる巡回チェックだけではなく、「人の目による評価」も行っています。**「人の目によるチェック」**を行う際のポイントが書かれているのが「Google検索品質評価ガイドライン」です。

　またGoogleの「ウェブマスター向けガイドライン」でも、コンテンツの重要性が訴えられています。

● ウェブマスター向けガイドライン（品質に関するガイドライン）
https://support.google.com/webmasters/answer/35769?hl=ja&ref_topic=6002025

「良質で有益なコンテンツ」を作るための2つのポイント

　Googleが考える「良質で有益なコンテンツ」を作るポイントは、以下の2つです。

ポイント①　オリジナルコンテンツかどうか？

　「良質で有益なコンテンツ」の「良質」とは、**「そのWebサイトにしか書けないオリジナルコンテンツ」と解釈できます。**お客様があるキーワードで検索したときに、1位のWebサイトに書いてある内容と、2位、3位、4位のWebサイトに書いてある内容がまったく同じだったらどうでしょうか？

お客様は、比較検討を行いたくて、いくつかのWebサイトを見てまわっているのです。比較検討するために必要なのは、**「そのWebサイトならではの強みやオリジナリティーがわかるコンテンツ」**です。

　特にNGなのは、コピー＆ペーストしたような原稿です。Googleは2012年以降、検索結果の品質を高めるためのアルゴリズム改善施策「パンダアップデート」によって、低品質のコンテンツを排除していく動きがあります。

ポイント②　お客様に役立つコンテンツかどうか？

　「良質で有益なコンテンツ」の「有益」の意味は、**「お客様に役に立つかどうか」**という意味です。**Googleは自らの検索エンジンが世界一の検索エンジンであり続けるために**、検索ユーザー（お客様）を大切に考えています。検索ユーザー（お客様）がほしがっている情報を的確に表示できれば、**お客様から「役に立った」という評価**を得ることができます。Googleが検索エンジンとして世界中のユーザーに利用され続けるために、「お客様からの高評価」が必要です。

「良質で有益なコンテンツ」　の具体例とは

　「オリジナルコンテンツ」であり、かつ「お客様に役立つコンテンツ」を作っていくために、「事例」「取材、インタビュー」「よくある質問、FAQ」「お客様の声」の充実を考えてみましょう。

事例

　商品やサービスの説明だけではなく、**具体的な例**を掲載していきましょう。例えば、ある会計ソフトを販売している会社の場合、会計ソフトの**機能説明**だけではなく、その**会計ソフトを実際に利用している企業の例**をコンテンツとして掲載するのです。

　「会計ソフトを**導入前と導入後でどのように変化があったのか**」「会計ソフトを導入することによって、**どんなメリット、デメリットがあったのか**」などは、**その企業ならではの体験**なので、オリジナルコンテンツになります。会計ソフトの導入を検討中の企業にとっても「役立つコンテンツ」として評価されます。**制作事例、施工事例、成功事例、失敗事例、ビフォアー・アフターの事例**など、どんな事例が作れるかを検討しましょう。食品であれば**オリジナルレシピ**、アパレルならば**洋服の着こなし例**、住宅関連ならば**施工事例や内装やインテリアの例**なども検討できます。

2

集客力のあるWebサイト構築
〜キーワード選定とコンテンツ企画〜

65

取材、インタビュー

実際に**現地に行って、見たり聞いたり体験したり**して記事を書きましょう。特定の人にインタビューをすることができれば、その人の**「生の声」**をコンテンツに盛り込むことも可能です。ただ机に向かってコンテンツを作るよりも、イベント、お客様先、または社内の別部署などに足を運び、その現場ならではのコンテンツが作れないかどうか検討しましょう。

お客様インタビュー、関連企業インタビュー、社長インタビュー、スタッフインタビュー等は取り組みやすいでしょう。その道の**専門家のインタビュー**等を掲載できれば、権威付けにもつながります。例えば、美容、健康食品等の商品を扱うWebサイトに、ドクターのインタビューを掲載するのも専門家インタビューの一例です。

よくある質問、FAQ

よくある質問、FAQは、**「ひんぱんに聞かれる質問」とそれに対する回答**をまとめたコンテンツのことです。ある商品の使い方をWebサイトに掲載したとします。このとき「使い方についてよく聞かれる質問」を、一問一答形式で別途FAQコンテンツとしても作っておくのです。

説明ページは上から順に読んでいかなければならないのに対して、「よくある質問」は、**わからないところ、気になるところだけを拾い読み**することができるので便利です。「よくある質問」のページを作ることによって**キーワードを含むコンテンツページがどんどん増えていく**ことになります。

● **よくある質問のイメージ**

実際にお客様からいただいた質問をまとめる方法と、「きっと、こんなことをよく聞かれるだろうな」という**「想像できる質問」をピックアップしてあらかじめ作成しておく**方法があります。

お客様の声、体験談

　お客様からいただいた声や質問は、積極的にWebサイトに掲載していきましょう。特定の人が発した「オリジナル」な言葉が**他社との差別化**の手助けになります。お客様の声は、その商品を検討中の別のお客様にとっても参考になります。「役立つコンテンツ」として認知されるように、できるだけ**多くの声を見やすく整理して掲載**しましょう。

コンテンツ企画の際のチェックポイント

　コンテンツを企画するときは、「Webサイトにどんな人が来てほしいのか」を考え、その人が「喜ぶコンテンツ」「役立つコンテンツ」を考えましょう。**企業が伝えたいことをコンテンツ化するのではなく、「お客様が求めているものは何か？」という視点で考える**ことが重要です。役立つコンテンツが作れれば、お客様がWebサイトにリピートして訪問するようになります。

　コンテンツが有益かどうかを考えるとき、以下の項目を自問自答してみましょう。

- そのコンテンツは、他にはないオリジナルなものですか？
- そのコンテンツは、お客様の役に立ちますか？

1 コンテンツを企画するときは「オリジナルコンテンツ」を考えよう
2 「お客様に役立つコンテンツ」を考えよう
3 「良質で有益なコンテンツ」を作る具体的な方法を知ろう
（「事例」「取材、インタビュー」「よくある質問、FAQ」「お客様の声」など）

成功法則 12 研究所、塾、学校、倶楽部……アイデア勝負で新コーナーを設計する

コンテンツの企画方法として 成功法則11 では「事例」「取材」「よくある質問」などを紹介しました。人気サイトになるためには、他社が作れないような個性的なコーナーも必要です。アイデア勝負で企画していきましょう。

| 集客アップ | ★★★★★ | 成約アップ | ★★★☆☆ | コンテンツ改善 | ★★★★☆ |

SEO用の記事をアップするための新コーナーを検討する

　例えば青汁を販売するECサイトを立ち上げる場合、以下の図のような商品ページがあれば、販売をスタートすることは可能です。

● 青汁のECサイトの例

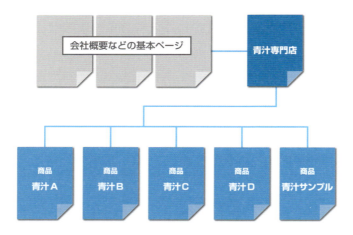

　「青汁」というキーワードを入れながらページ数を増やしていくためには、商品ページをどんどん増やすか、または**「商品ページ以外のページ」を充実させる**ことが必要になってきます。

⚠ 店長日記（ブログ）でSEO記事をアップする

「**商品ページ以外のページ**」**を充実させる**ために、青汁に関するコラムやウンチクなどの読み物ページを企画しましょう。まずは青汁関連のキーワードを選定し、Webサイトに記事をアップしていくと考えたとします。すぐに取り組めるアイデアとしては、**店長日記等のブログを立ち上げ、日々読み物のコンテンツをアップしていく方法**があります。以下の図のようなイメージです。

● 青汁のECサイトで店長ブログを新設した例

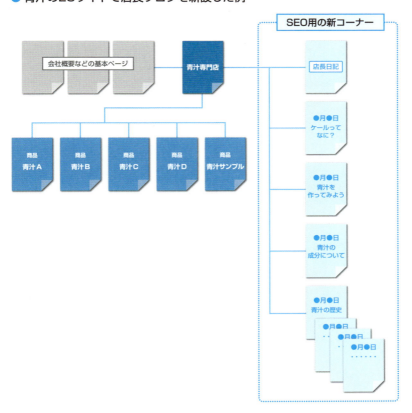

　店長日記を書く際に、日々起こった出来事を書いていくと、「こんなランチを食べた」「スタッフとこんな会話をした」「勉強会に参加した」など、SEOのキーワードに関係ない記事も多くなると思います。
　SEO対策として単なる日記を書くのではなく、**この日記コーナーにキーワー**

ドを含めたコンテンツ（記事）を書くようにしてください。

　SEOを意識した店長日記を作りたいと思ったら、**日記のなかに「ケール」「青汁」「青汁の成分」「青汁の歴史」などのキーワードが含まれた記事**を日々アップしていくのです。

「青汁専門店」のWebサイトのなかに、**商品ページ以外の「読み物（しかもキーワード入り）」**が日々アップされ、SEO的に強化されていくことになります。

⚠ SEOのための新コーナーを企画して記事をアップする

　別のアイデアとして、「店長日記」のようなありがちなコーナーではなく、「青汁博物館」「青汁研究所」「青汁の学校」などといった、**より専門的な新コーナーを設立する方法**もあります。

● 青汁のECサイトで「青汁博物館」を新設した例

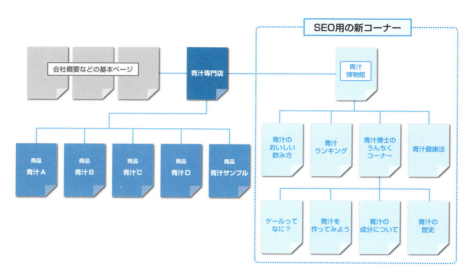

　SEO的に考えると、店長ブログでも問題ないのですが、**「よりお客様に楽しんでもらえるサイトを作ろう」**と考えて、**新コーナーのネーミングやカテゴリ分け等を工夫**することをおすすめします。

　記事を日々アップする前にいくつかのカテゴリを作り、その配下に記事をアップしていく方法になります。

ファンが集まるサイトの事例：不動産売却塾

「NTTデータ スマートソーシング」が運営する「不動産売却塾」です。SEOのためのコンテンツをアップする場所として新設されたコーナーです。

● ホームフォーユーの不動産売却塾
http://www.home4u.jp/sell/juku/

Copyright© 2016 NTT DATA Smart Sourcing Corporation

以下のように5つの授業のカテゴリがあり、カテゴリごとにコンテンツ（記事）がアップされています。

- 不動産売却の基礎講座
- 費用・お金の講座
- 知っておきたい不動産用語
- 専攻授業（住み替え）
- 専攻授業（相続）

各記事はすべてSEOのキーワードをベースに企画、設計されています。ふくろうのキャラクターの校長先生をはじめ、とら、ねこ、タヌキなどの**動物キャラクターの**先生が、**「不動産売却」という難しいコンテンツに親しみやすさを与えています**。

さらに**体験談のコーナー**もあり、前島家の体験談は第1話から第5話まで、千

田家の体験談は第1話から第10話までの**物語が掲載**されています。当然体験談のなかにも、不動産売却に関連する**キーワードがたくさん散りばめられています**。

● **不動産売却塾の体験談のコーナー**

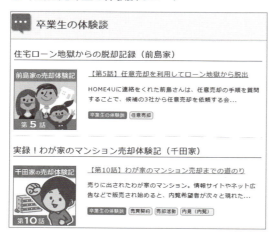

ファンが集まるコンテンツを企画しよう

　SEOの記事をアップする場所と考えると難しいかもしれませんが、**「どんなコーナーを作ったら、お客様が何度も訪問したくなるだろう」**と考えてアイデアを膨らませてみましょう。例えば以下のようなイメージです。

● **スマホケース歴史博物館**

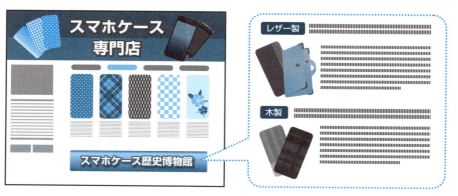

例えば、自社のECサイトにプラスチック製のスマホケースしか扱っていなかったとしても、「スマホケース歴史博物館」というコーナーがあれば、革製スマホケース、木製、キャラクター付きなど、いろいろな種類のスマホケースについて語ることができます。

検索でヒットするようになれば「スマホケース　革製」「スマホケース　キャラクター」などのキーワードでの集客が可能になります。

訪問したお客様が「スマホケース　革製」を探していたとしても、Webサイトで「プラスチック製スマホケースのほうがいいな」と思ってもらえれば、購入につなげることも可能になります。

1. SEOのコンテンツをアップする場所を考えよう
2. 日々「キーワード」を意識して、日記コーナーを書いていく方法もOK
3. 研究所、塾、学校、倶楽部……アイデア勝負で新コーナーを設立する方法もOK
4. お客様が再訪問したくなるようなコーナー、ファンが育つコーナーを考えよう

重複コンテンツとは

　重複コンテンツとは、コンテンツ（内容）が完全またはほぼ同じであるコンテンツのことです。URLが異なるだけで、コンテンツが同じ（似ている）場合、Googleからペナルティを受ける危険性があります。Googleは検索結果の品質を高めるための「パンダアップデート」というアルゴリズム改善施策によって、重複コンテンツを厳しくチェックしています。

　重複コンテンツに対しては、優先するURLを指定する方法（正規化）や、重複する文章を書き換えるといった対処法があります。

　簡単なのは文章を書き換える方法ですが、語尾を変えたり、文章の語順を入れ替えたりするぐらいでは、Googleは重複と判断しますので、自分の考えを加えるなどといった書き換えが必要です。

成功法則 **13**

コンテンツの設置場所を決める

新たにコンテンツを作る場合「コンテンツをどこに置くのか」といった設置場所を決めることが大切です。自社サイトの中に置くのか（サイト内コンテンツ）自社サイトの外に置くのか（サイト外コンテンツ）、目的によって場所を選ぶ必要があります。ここでは、場所選びについて説明します。

| 集客アップ | ★★★★★ | 成約アップ | ★★☆☆☆ | コンテンツ改善 | ★★★☆☆ |

「サイト内コンテンツ」v.s.「サイト外コンテンツ」

　Webの世界には**「コンテンツ・イズ・キング」**という言葉があります。これは、**Webサイトはコンテンツの中身で評価される**という意味。ユーザーに役立つ、価値があるコンテンツを作ることが大切です。コンテンツを新たに作る場合、どこに置くのかは目的に合わせて決めましょう。
　コンテンツの設置場所には、次の２カ所があります。

> 設置場所①　Webサイトの中にコンテンツを作っていく（サイト内コンテンツ）
> 設置場所②　Webサイトの外に（別ドメインで）コンテンツを作っていく（サイト外コンテンツ）

● コンテンツの設置場所

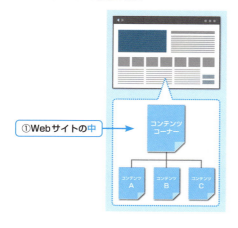
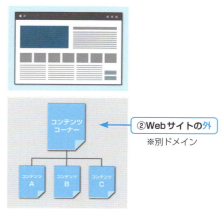

内部要素を強くする「サイト内コンテンツ」

　自社サイトの中にコンテンツを作っていくと、**SEO的なメリットとして「自社サイトが内部要素的に強くなる」**という点があります。

● 自社サイトの中にコンテンツを作っていく場合のサイトマップ例

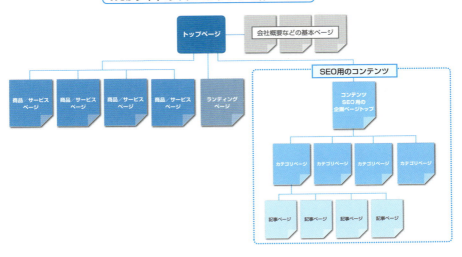

メリット①　Webサイト内のページ数が増える＝キーワードが増える

　コンテンツをアップするたびに、Webサイト内のページ数が1ページずつ増えていきます。しかもアップするページには、すべて目標キーワードや関連キーワードが含まれています。関連するキーワードを含むページ数が増えていくことは、SEO的に有利です。

メリット②　更新頻度が高まる

　Googleはずっと更新されていないWebサイトよりも、定期的に更新されているWebサイトを評価します。

外部要素を強くする「サイト外コンテンツ」

自社サイトの外にコンテンツを作っていくと、自社サイトの「内部要素を強くする」ことはできません。コンテンツが自社サイトの中に蓄積されないからです。しかし、**リンク対策が可能になり、外部要素的に強くなるというメリット**があります。

● 自社サイトの外にコンテンツを作っていく場合のサイトマップ例

メリット① リンクが増える（外部要素的に強くなる）

新しいコンテンツをアップしたら、**積極的にリンクを張っていきましょう。**

SEOがコンテンツ重視になったとはいえ、Googleは「サイトがどれだけ良質なリンクを集めているか」という評価基準は継続してもち続けています。どんなに素晴らしいコンテンツが掲載されたサイトでも、リンクが1本も張られていないサイトは不自然です。「良質なコンテンツは、人に評価され、紹介され、その結果としてリンクが増えるはず」というふうに考えましょう。

● リンク対策の例

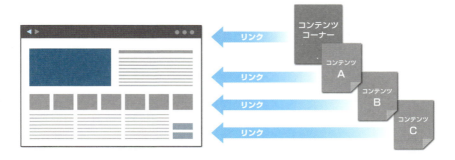

　ただし、**リンクの際は注意が必要**です。リンク元のコンテンツが自社サイトのテーマとあまりにもかけ離れていると、**「意味のないリンク」「価値のないリンク」**と判断されてしまうかもしれません。自然なリンクのみを張っていきましょう。自然なリンクが張れないコンテンツからは、リンクを張らないほうが良いのです。

　自然なリンクとは、**リンクを張る双方のページに関連性が高い場合のリンク**という意味です。例えば、自社サイトがペットショップの場合、外部サイトでペットの話を書いた場合は、関連性が高いのでリンクを張りますが、ゴルフの話を書いた場合は、不自然なリンクになるので、あえてリンクを張らないようにしてください。

メリット②　お客様との出会いの場所（Webサイト）がひとつ増える

　新たに新規ドメインでWebサイトを立ち上げるということは、**お客様と出会える場所が増えるということです。お客様との出会いの可能性が高まります。2つのWebサイトで、別々のWeb戦略を立てることも可能になります。**

　「サイト外コンテンツ」の課題としては、**別ドメインのWebサイトを管理していくため、費用や手間などが2倍になる**ということです。別サイトを立ち上げても、**自社サイトが放置状態になってしまっては意味がありません**。両方のWebサイトの更新頻度が落ちないように工夫しましょう。

1. コンテンツの設置場所は「自社サイトの中」か「自社サイトの外」の2カ所。それぞれのメリット、デメリットを理解して、設置場所を考えよう
2. 内部要素を強くする「サイト内コンテンツ」には、目標キーワードと関連性の高いコンテンツをアップしていこう
3. 外部要素を強くする「サイト外コンテンツ」では、自社サイトへのリンクを張ろう（リンクを張れる記事の場合のみ）

無料ブログの活用法

　コンテンツの設置場所として、無料ブログを使う場合もあります。人気ブログとしては、以下のようなブログがあります。各ブログですでにたくさんのユーザーを抱えているので、それぞれのブログサービスからの集客が期待できます。

　例えば、アメブロならアメブロユーザーの目に触れる可能性は高まり、FC2ブログならFC2ブログのユーザーに見てもらえる可能性が高くなります。ブログを立ち上げてすぐに、ある程度の集客が見込めます。

「Amebaブログ」(http://www.ameba.jp/)
「はてなブログ」(http://hatenablog.com/)

　Amebaブログでは「テーマ」という記事をテーマごとに分けられる機能があります。テーマを分けることで、ユーザーが知りたい情報に早くたどり着けるのです。ブログサービスのTOPページに新着記事が並び、より目に留まりやすくなるメリットもあります。

「livedoorブログ」(http://blog.livedoor.com/)

　「livedoorブログ」はカスタマイズがしやすく、人気記事や良質な記事がlivedoorブログニュースで紹介されるというメリットがあります。反面、広告を完全に排除できないといったデメリットもあります。

　無料ブログサービスを利用する場合の注意点として、サービスが終了してしまう危険性があることです。サービスが終了してしまうと、そのブログサービスを利用できないばかりか、書きためた記事もなくなってしまいます。

　そのため無料のサービスを使う場合は有料プランを使い、記事のバックアップをとっておくことをおすすめします。

成功法則 14 執筆ガイドラインを作る

コンテンツを作成する前に、執筆のルールを取り決めた「執筆ガイドライン」を作成することをおすすめします。ガイドラインがあれば統一感のあるコンテンツを作っていくことができます。SEOに関する書き方のルールも決めておきましょう。ここでは、**最低限決めておくべき5つのポイント**を説明します。

| 集客アップ | ★★★★★ | 成約アップ | ★★☆☆☆ | コンテンツ改善 | ★★★★★ |

ポイント① 「誰が読むのか」(ターゲット)を明確にする

文章を書くうえで最も重要な点が、「誰が読むのか」「誰に向けて書くのか」という点です。**ターゲットを明確にすることが、文章を書く第一歩**といっても良いでしょう。

例えば「スマホでの検索方法」を説明するときに、「PCで検索したことがある人」に伝える文章と、「PCを使ったことのない人」に伝える文章では、**書く内容が違ってきます。**

「夏のサンダルの選び方」という記事を書く場合に、20代女性向けに書く場合ならば、オシャレなサンダル、足を細く、きれいに見せるサンダル等を紹介するのに対して、60代女性向けの場合は、はき心地や、疲れないサンダルを紹介するかもしれません。

● 誰が読むのか(ターゲット)を明確にする

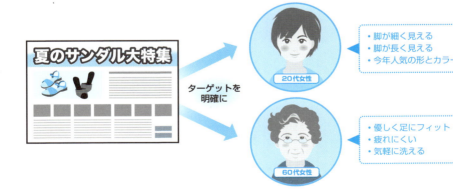

ターゲットを明確にすることによって、「何を書くとターゲットに響くのか」「どんな書き方をすると、最後まで読み進めてもらえるのか」「どんなトーンが読みやすいのか」などが具体的に見えてきます。

ポイント②
「何のための文章なのか」（目的）を明確にする

　ターゲットが決まったら、「何のための文章なのか」という**目的を明確**にします。何かについて**理解してもらうことが目的**なのか、理解してもらうことよりも何か**アクションを起こしてもらうためのページなのか**によって、書き方が変わってきます。 成功法則57 で詳しく説明しますが、文章には大きく2つの書き方があります。

ロジカルライティング

　ロジカルライティングは、論理的でわかりやすく伝えるための文章のことです。理解してもらうこと、納得してもらうことが目的の説明文等に向いています。

エモーショナルライティング

　エモーショナルライティングは、読み手の感情を震わせるような文章のことです。理解させるというよりは、「おもしろそう」「楽しそう」「こんなことは困るわ」など心を動かしてもらうことが目的の文章です。最終的に行動してもらう商品ページ等に向いています。

● ロジカルライティングとエモーショナルライティング

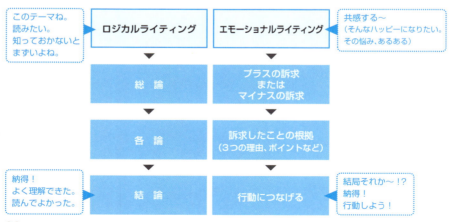

何のためのページを作るのかを明確にすることによって、文章の構成、書き込む内容、文章のトーンなどが変わってきます。

ポイント③　文体、表記ルールを決める

「ですます調」か「である調」か、文体を決める

文体には「ですます調」と「である調」があります。**「ですます」調は、優しくていねいな印象**になります。「である調」は、**断定的で厳格な印象**になります。

基本的には文体を統一しますが、「ですます」調の文体でも、箇条書きや図や表のなかの文章は「である」調を使うなどの例外もあります。

	メリット	デメリット
ですます調	● 優しい ● ていねい ● 親しみやすい	文末に「です」が続くと単調な印象に見えてしまう
である調	● 断定的 ● まじめで正しい ● 厳格	堅苦しくてとっつきにくい印象に見えてしまう

半角か全角か、数字、アルファベットのルールを決める

数字やアルファベットを書くときに、半角にするか全角にするかを決めておきましょう。

● 半角ルール

2,500円
JAPAN

● 全角ルール

２，５００円
ＪＡＰＡＮ

● 1桁のときは全角で、2桁以上の場合は半角というルールもあります。

１円　　（1桁なので全角）
2,500円（2桁以上なので、半角）

2

〜集客力のあるWebサイト構築
キーワード選定とコンテンツ企画〜

ポイント④ SEOまたはターゲットに合わせた言葉選びをする

　同じWebサイトなのに、ページごとに言葉の使い方や表記がバラバラになっていると、お客様の印象や信頼度に影響します。例えば、「問い合わせ」「問合せ」「問い合せ」「問いあわせ」「といあわせ」などは、表記が違いますが、意味が通じないというわけではありません。どの表記を使うかを決めておくことによって、**Webサイト全体の統一感を保つ**ことができます。

　ターゲットに合わせて、言葉選びをする方法もあります。例えば「オシャレ」「お洒落」「おしゃれ」を、**ターゲットに合わせて使い分ける**と以下のようになります。

- 10代向けファッションサイト→「オシャレ」を採用
- シニア層向けの高級品の場合→「お洒落」を採用

　SEOを狙ったWebライティングでは、月間平均検索ボリュームを参考にして言葉選びをするようにしましょう。例えば、**同じ意味の言葉でも、表記が違うと月間平均検索ボリュームが大きく変わってくる**ことがあります。できれば、**たくさん検索される表記**を採用しましょう。なお、月間平均検索ボリュームはキーワードプランナーを使って調べましょう（ **成功法則07** 参照）。

● **月間平均検索ボリュームの違い①**

- お洒落　　3,600
- オシャレ　9,900
- おしゃれ　49,500

　この場合、月間平均検索ボリュームの多い「おしゃれ」で統一します。

● **月間平均検索ボリュームの違い②**

- 人参　　　22,200
- にんじん　14,800
- ニンジン　3,600

　月間平均検索ボリュームの多い「人参」を使います。ただしWebサイトが**小学生向けの場合、「人参」よりも「にんじん」のほうが親切**です。この場合は、月間平均検索ボリュームで決めるのではなく、ターゲットに対して読みやすい「にん

じん」を採用するほうが良いという判断もできます。**SEOを重視した言葉選びをするか、ターゲットに合わせた言葉選びをするか**、どちらを重視するかを検討しながら言葉選びを行ってください。

ポイント⑤　SEOのタグのルールを決める

Webライティングの場合、本文だけではなく、**SEOに効果的なタグ（titleタグなど）についても、本文執筆時に書いておく**ことをおすすめします。

- タイトルタグ
- ディスクリプションタグ
- 見出しタグ（h1〜h5）

そのとき、各タグの書き方を決めておくと便利です。詳しくは 成功法則17 成功法則18 を参照してください。

1. 「誰が読むのか」（ターゲット）を明確にしよう
2. 「何のための文章なのか」（目的）を明確にしよう
3. 文体、表記のルールを決めよう
4. SEOまたはターゲットに合わせた言葉選びをしよう
5. SEOのタグのルールを決めよう

CCO（Chief Content Officer）

コンテンツマーケティングの先進国アメリカでは、CCO（Chief Content Officer）という職種があり注目されています。

CEO（chief executive officer）：最高経営責任者
COO（chief operating officer）：最高執行責任者

これらは日本でもよく使われる言葉になりました。
CCO（Chief Content Officer）は、最高コンテンツ責任者という意味です。自社で発信するすべてのコンテンツの責任者という意味です。CCOという職種からも、コンテンツの重要性がいかに高まっているかを理解することができるのではないでしょうか。

成功法則 15 コンテンツ制作チームを編成する

コンテンツSEOを行っていくためには、SEOの知識とライティングの知識が不可欠で、さらにコンテンツのテーマに対する深い知識が求められます。コンテンツのテーマに関する知識については、専門家等からの情報収集が可能だと考えても、SEOとライティングに関しては、コンテンツ制作チームとして整えておく必要があります。コンテンツ制作は、ディレクター、ライター、チェッカーの3役を揃えて進めるのがおすすめです。

| 集客アップ | ★★★☆☆ | 成約アップ | ★★★☆☆ | コンテンツ改善 | ★★★★☆ |

ディレクター、ライター、チェッカーの役割分担

コンテンツ制作の現場では、戦略的にコンテンツ制作を行っていくことが大事です。下図のような体制をとることをおすすめします。

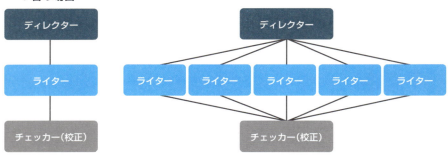

ディレクター

ディレクターは、**コンテンツ制作チームのトップとして、スケジュール管理、品質管理を行っていく**ことが役目になります。企画段階では、キーワードの選定、コンテンツの企画を行います。SEOの知識のあるディレクターは、自らキーワード選定、コンテンツ企画等も行います。SEOコンサルタント等を加えれば、キーワード選定等はSEOコンサルタントに任せることも可能です。

ライター

原稿のライティングを担当します。ディレクターの指示にしたがって、1コンテンツごとにキーワードを意識してライティングを行います。

チェッカー（校正）

コンテンツの品質を保つために、ライターとは別に校正担当者を加えます。多くのライターが加わるプロジェクトの場合、チェッカーを増やすことも可能です。

⚠ ひとりでコンテンツを制作するときの注意点

コンテンツ制作の現場では、ディレクター、ライター、チェッカーの役割分担が必要ですが、実際は「人がいないから1人でやるしかない」というケースも多いです。ひとりでコンテンツ制作を行う場合でも執筆ガイドラインやスケジュールを作り、コンテンツ制作を行っていきましょう。

コンテンツ制作はコツコツした地道な作業の繰り返しです。継続してコンテンツを作り、成果を出していくためには、ひとりでも「ディレクター」としての役割、「ライター」としての役割、「チェッカー」としての役割を意識して作業を行っていきましょう。

社内ライター vs. 社外ライター

「1ヵ月で100記事のコンテンツを作りたい」「週に1度、20本の記事を公開したい」など、大量の記事を制作する場合、コンテンツ制作を外注するという方法もあります。

ここでは、社内ライターと社外ライターのメリット、デメリットについて説明します。それぞれの特徴を理解したうえで、コンテンツ制作の体制を組むと良いでしょう。ただし、ライターひとりひとりの得意・不得意がありますので、以下はあくまでも目安としてとらえてください。

● 社内ライター、社外ライターのメリットとデメリット

	メリット	デメリット
社内ライター	●自社の製品、サービスに詳しい ●外注費用がかからない（ただし社内ライターが文章を書く時間もコストであるという認識が必要） ●コンテンツ制作の流れが社内ですべて完結するので、コミュニケーションがスムーズ ●柔軟かつスピーディーにコンテンツ制作ができる	●自社でSEOの最新情報をキャッチアップしなければならない ●社内でコンテンツ制作の専任者を数多く抱えることが難しい（他の業務との兼任の場合が多い） ●社員によってライティングスキルがばらばら（教育が必要な場合が多い） ●ユーザー目線、お客様目線のコンテンツが作れないケースもある（社外ライターの方がユーザー目線で書ける可能性が高い）
社外ライター	●良い社外ライターと組めれば高品質でたくさんのコンテンツ制作が可能になる ●SEOに詳しい外注先を選べば、SEOの最新情報をキャッチアップしてそのノウハウをライティングに活かしてくれる ●専門分野に合わせてライターを手配できる ●大勢の社外ライターでチームを組み、短期間に大量のコンテンツを制作することも可能	●外注費用がかかる（1記事当たりの単価は、外注先によってバラバラ） ●社外ライターに対して、自社の製品情報等を伝える必要がある（手間がかかる） ●外部ライターとはメール、電話等での連絡が中心になり、コミュニケーションがとりにくい ●社内ライターに比べて、スピーディーで柔軟な対応が難しい場合が多い

社内ライターと社外ライターのどちらが適しているのかは、ケースバイケースです。コンテンツの内容、スケジュール感、費用感等を考えて、総合的に判断しましょう。

　社外ライターを活用する場合でも、**コンテンツの最終責任は自社**にあります。すでに存在するコンテンツのコピペ原稿になっていないか、原稿の内容に誤りはないかなど、厳しい目でチェックすることを忘れないようにしましょう。

1 コンテンツ制作はディレクター、ライター、チェッカーの3役を揃えるのが理想的
2 社内ライター、社外ライターのメリット、デメリットを知って、適切な方法を探ろう

Chapter - 3

コンテンツマーケティング時代の文章術
~ロジカルライティング~

コンテンツマーケティング（特にコンテンツSEO）を実践していくためには「文章を書く力」が必須です。この章では、正しくわかりやすい文章を書くテクニックを紹介します。文章の1行目を書く前に、どんな構成で書くかを決めることが大事です。

成功法則 16 1ページ＝1キーワードで書く

コンテンツSEOでは、すべてのページにキーワードを割り振っていくことが大事です。「このページはこのキーワードでの上位表示を目指そう」と明確に目標を決めるところから、原稿執筆はスタートします。各ページのキーワードを決めて、500文字以上の原稿を仕上げましょう。

| 集客アップ | ★★★★★ | 成約アップ | ★★★★☆ | コンテンツ改善 | ★★★★★ |

ページごとにキーワードを割り当てる

コンテンツ制作に入る前に**「このページは、このキーワードで上位表示させよう」ということを、すべてのページで考えて**ください。

例えばトップページでは「スムージー」というビッグキーワードを狙います。「スムージー」はビッグキーワードなのですぐには順位が上がらないかもしれませんが、長期戦でがんばる作戦です。

第2〜3階層には複合キーワードを割り当てます。複合キーワードで順位があがってくるとWebサイトの総合力が上がり、「スムージー」というビッグワードでも徐々に順位が上がってきます。**すべてのページが「スムージーに関連したページ」**になるように設計しましょう。

● すべてのページにキーワードを割り当てる

⚠ ページごとにキーワードを割り当てる

　ページごとのキーワードを管理するためには、以下のようなシートを用意すると良いでしょう。

● ページ＆キーワード管理シート

NO	ページ名	URL	キーワード	title	description	keywords	h1
1	トップページ	http://	スムージー				
2	コンテンツA	http://	スムージー　効果				
3	コンテンツB	http://	スムージー　作り方				
4	コンテンツC	http://	スムージー　飲み方				

1ページ＝1キーワードで書くとは？

　各ページは、目標のキーワードを決めて、そのキーワードに集中した原稿を書いていきます。例えば「このページは『スムージー　飲み方』というキーワードで上位表示を狙おう」と決めた場合は、1ページを通して「スムージー　飲み方」に関することだけを書きます。文章を書いていく途中で「スムージーのレシピを書きたい」と思っても、話の流れが脱線してしまう危険性もあるので、「スムージー　レシピ」については別ページで書くようにしましょう。

● ひとつのキーワードで統一された文章とは？

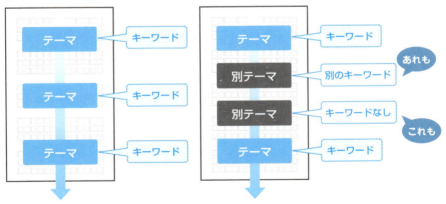

　左側はひとつのキーワードで統一された文章の例です。**一貫してひとつのキーワードに集中して書き進めています。**「スムージー　飲み方」のページであれば、全体に「スムージー　飲み方」というキーワードが含まれた文章になります。

それに対して、右側は途中で別のキーワードの話題が入ってきてしまった例です。「あれもこれも詰め込みたい」「こんな話も入れてあげたほうが親切かも」などと考えると、脱線してしまいます。キーワードに関係の薄い話題は、思い切って別ページにしましょう。

1ページ500文字以上の原稿を書く

1ページは最低500文字以上書きましょう。Googleが推奨するのは「役立つコンテンツ」であり「質の高いコンテンツ」です。良質なコンテンツを作ろうと思うと、それなりに文章量も必要になってくると思います。Googleが「何文字以上必要」と宣言しているわけではありませんが、**500文字〜1,000文字はひとつの目安**になります。

文字数で考えるよりも、**「お客様に役立つ良質な内容になっているか？」** と考えたほうが良いでしょう。

筆者がお手伝いしている企業のコンテンツページは、**1,000文字〜3,000文字**が多いのですが、**長い文章を読ませるためにはそれなりの文章力、筆力が求められます**。ライティングに慣れていない場合は、まずは500文字以上を目標にし、たくさんのページを作ってみてください。

なお、文字数をカウントする際は、メニュー部分をのぞき、本文のみの文字数をカウントしましょう。

● 本文のみの文字数をカウント

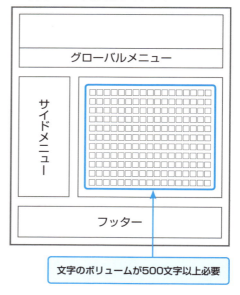

文字のボリュームが500文字以上必要

Check!

1. 「1ページ＝1キーワード」すべてのページにキーワードを割り振ろう
2. 各ページは決めたキーワードに関することだけを書こう
3. キーワードに関係ない話題は別ページで別のキーワードを割り当てて書こう
4. 1ページの文字数は500文字以上になるように書こう

| 成功法則 17 | タイトルタグとディスクリプションタグを最適化する |

SEOを行ううえで重要なHTMLのタグがいくつかあります。なかでも、最も重要なタグが、タイトルタグとディスクリプションタグです。各ページのタイトルを宣言するタグと、各ページの説明文を明記するためのタグになります。タイトルタグ、ディスクリプションタグには書き方のルールがあります。

| 集客アップ | ★★★★★ | 成約アップ | ★★☆☆☆ | コンテンツ改善 | ★★☆☆☆ |

タイトルタグとディスクリプションタグが重要な2つの理由

みなさんは、検索エンジンで検索した後に、上から順にクリックしていきますか？ 基本的には「上から順にクリックする」かもしれませんが、**検索結果にでてくるタイトルとその下の説明文を読んで決める**」という人も多いのではないでしょうか？

例えば「サングラス 女性」と検索したときの画面を見てみましょう。

● 「サングラス 女性」と検索した結果

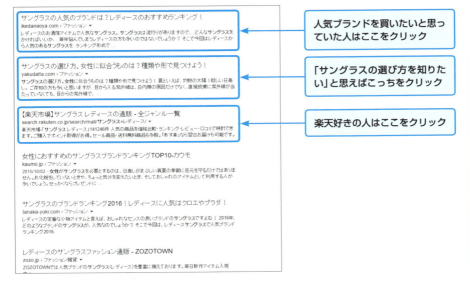

第3章 〜コンテンツマーケティング時代の文章術 〜ロジカルライティング〜

検索結果を上から眺めていくと、2番目に「サングラスの選び方。女性に似合うものは？　種類や形で見つけよう！」というタイトルが目に入ります。サングラスを買い慣れていない人は、「買う前にサングラスの選び方を知って、自分に似合うサングラスを買いたい」と思い、2番目のWebサイトをクリックするかもしれません。

　または、楽天会員の人は「せっかく買うならポイントの付く楽天で調べてみようかな」と、3番目の「【楽天市場】サングラス レディースの通販 - 全ジャンル一覧」をクリックするかもしれません。

　私たちは、**必ずしも上から順番にクリックするわけではなく、検索結果の画面上で「比較」を行っているのです。**

⚠ タイトルタグとディスクリプションタグが重要な理由①

　なぜ、タイトルタグとディスクリプションタグが重要なのでしょうか？　ひとつ目の理由は、**「検索結果のページのタイトルと説明文に表示されるから重要」**ということになります。お客様に自社サイトをクリックしてもらおうと考えた場合、**タイトルと説明文を競合サイトよりも魅力的に、キャッチーにしておくことが大切**になります。

● 検索結果への表示のされ方

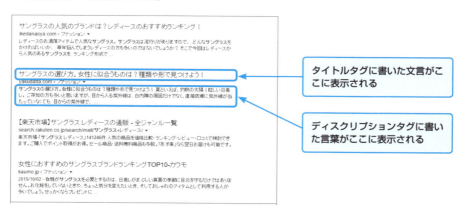

⚠ タイトルタグと、ディスクリプションタグが重要な理由②

　タイトルタグとディスクリプションタグは、**SEO的に重要**です。Googleはタイトルタグとディスクリプションタグにどんな言葉が書かれているかをチェックして、**検索結果の順位付けの参考**にしています。

タイトルタグの書き方ルール

　Googleはサイト内のページそれぞれに、固有のタイトルを付けることを推奨しています。「そのページの内容に合ったタイトルで、他のページとは違うもの」ということです。各ページの内容に合わせて、タイトルタグを記入しましょう。そのとき、**必ず各ページで目標とするキーワードを入れてください。**

　タイトルタグの書き方のポイントは、以下のとおりです。

- **目標のキーワードを必ず入れる**
- **ページの内容に合ったタイトルを付ける**
- **他のページとは違うタイトルを付ける**
- **30文字以内に設定する**
- **目標キーワードは前方に入れる**

　文字数30文字の制限や目標キーワードを前方に入れるのには、理由があります。

　検索結果の画面上に表示されるタイトルは、ブラウザによって**表示できる幅に制限があり、制限を超えると「…」で省略されてしまいます。**その目安が30文字です。キーワードを後方に入れた場合、検索結果画面で省略されてしまうこともあるので、**キーワードは前方に記入**しましょう。キーワードがタイトルの前方に入っていたほうが、検索しているお客様にとっても**「キーワードが目にとまりやすい＝私が探しているキーワードに合致したサイトだ」**と感じてもらえるでしょう。

ディスクリプションタグの書き方ルール

　サイトの説明文となるディスクリプションタグも、タイトルタグと同様にページの内容に合ったものにし、ページごとに変えましょう。

　ディスクリプションタグの書き方のポイントは、以下のとおりです。

3

〜ロジカルライティング〜
コンテンツマーケティング時代の文章術

- 目標のキーワードを必ず入れる
- 目標キーワードを含め、ページの内容に合ったディスクリプションにする
- 他のページとは違うものにする
- 120文字を目安に設定する
- 単語の羅列ではなく、わかりやすい文章にする（お客様が読んだときに、クリックしたくなるようにキャッチーに書く）

目標とするキーワードを含めることは大切ですが、**入れすぎは禁物**です。多くのキーワードを詰め込んでしまうと、単語の羅列のようになりがちです。お客様が混乱しないように、わかりやすい文章を心がけましょう。

競合サイトとの違いを明確にし、クリックしたくなるような内容をわかりやすい文章で書きましょう。

● タグの記入例

```
<title>コンテンツSEO実績多数｜グリーゼのSEOコンサルティング＆記事作成</title>
<meta name="description" content="「コンテンツSEO」のグリーゼが、ユーザーに役に立つコンテンツを制作します。キーワードを選定し、プロのライターがオリジナル記事を制作。良質なコンテンツが、自然な被リンクを呼び込みます。コンテンツSEOサービスは、グリーゼにお任せください。" />
```

1. タイトルタグ、ディスクリプションタグの重要性2点を理解しよう
2. タイトルタグにはキーワードを入れ、書き方のルールを守って最適化しよう
3. ディスクリプションタグにもキーワードを入れ、書き方のルールを守って最適化しよう

成功法則 18

見出しタグ（h1〜h6）の書き方をマスターする

タイトルタグとディスクリプションタグと並び、「SEO的に重要なタグ」に見出しタグがあります。SEOの内部対策で重要と言われる見出しタグは、ユーザーと検索エンジンの双方に、ページ内の文章構成を正しく伝えるために使われます。

| 集客アップ | ★★★★★ | 成約アップ | ★★☆☆☆ | コンテンツ改善 | ★★☆☆☆ |

見出しタグの役割

見出しタグは、各ページの原稿を書くときの「見出し」として使用するタグです。見出しタグを使うと文章の構成を論理的に制御することができます。見出しタグを階層的に使いながら文章を書くようにしましょう。

見出しタグには、h1〜h6まであります。数字が小さいほど、大きな見出しとなります。大きい見出しほど、SEO的な重要度も高くなります。

● 見出しタグ（h1とh2）

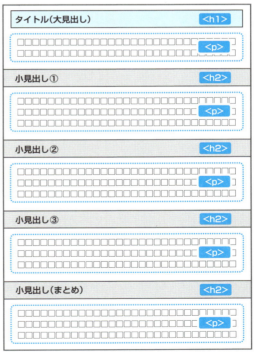

3 〜コンテンツマーケティング時代の文章術 ロジカルライティング〜

見出しタグ（h1〜h6）の書き方ルール

見出しタグには、順番があります。「h1→h2→h3→h4→h5→h6」という順番で記述しましょう。h2の上にh3がくるといった使い方はNGです。

> h1：大見出し
>
> h2：中見出し
>
> h3：小見出し
>
> h4：h3の下の見出し
>
> h5：h4の下の見出し
>
> h6：h5の下の見出し

h1タグはページの「大見出し」です。各ページに大見出しはひとつですので、**h1タグは、各ページにひとつ**ということになります。**h2〜h6は、各ページにいくつ設定しても問題ありません。**

HTML5では、h1タグを複数設定して良いというルールになりましたが、**SEO的観点でいえば、「h1タグは1つだけ」**にするのが望ましいです。理由は、「h1タグは大見出し」なので、「**ひとつの文書に大見出しが2つあるのはおかしいから**」ということになります。

⚠ 見出しタグはフォントサイズやデザイン的な理由で使用しない

見出しタグは、通常h1が最も大きく目立つフォントでデザインされ、h2、h3と下の階層になるほどフォントサイズも小さく設定するのが一般的です。見出しタグの間違った使い方として、「フォントサイズがちょうどいいから、h2タグにしよう」「大きくしたいからh1タグを使ってみよう」といったことがあります。

文字サイズ変更などのために見出しタグを使うのは間違った使い方です。**ページの構成と関係ない意図では使わないようにしましょう。**

大見出し（h1）の書き方ルール

大見出し（h1）は、以下のルールで書きましょう。

> ・大見出し（h1）に目標キーワードを必ず入れる
>
> ・大見出し（h1）タグは各ページにひとつだけ
>
> ・ページの内容に合ったものを簡潔にわかりやすく書く

● 大見出しの書き方

```
<h1>コンテンツマーケティングは、109個のキーワード選定から【グリーゼの事例】</h1>
```

▼

● コンテンツマーケティングは、109個のキーワード選定から【グリーゼの事例】

株式会社グリーゼは、250名を超えるライターをネットワークして、
としては、メールマガジン、ステップメール、コンテンツSEOのため
が得意です。

これらライティング系の仕事を受注するためのサイトが、「コトバの
のサイトへの集客を増やそうと計画しました。

「コンテンツマーケティングは、109個のキーワード選定から【グリーゼの事例】」がこのページの大見出しなので、h1タグで設定

【悩み】広告費をかけずに、コンテンツマーケティング（コンテンツSEO）を行い集客したい！

「コトバの、チカラ」のサイトは、2012年の10月から、本格的にコンテンツマーケティング（コンテンツSEO）に取り組みました。それまでは、広告
からの集客、「グリーゼな日々！」という名称の公式メールマガジン

広告費をかければ集客はできましたが、逆に考えると「広告費をかけ
い」という事態に陥っていたのです。

Googleの検索アルゴリズムが「コンテンツ重視」になってきたことを
ミッションに挑みました。

「【悩み】広告費をかけずに、コンテンツマーケティング（コンテンツSEO）を行い集客したい！」が中見出しなので、h2タグで設定

Check!

1 ページ内の文章の構成を正しく伝え、SEO効果もある見出しタグを活用しよう

2 h1～h6の役割と記述方法を守って記述しよう

3 ページの「大見出し」であるh1タグは、各ページにひとつだけ設定しよう

4 大見出し（h1タグ）は、そのページの内容に合ったものを簡潔にわかりやすく書こう

3 コンテンツマーケティング時代の文章術 ～ロジカルライティング～

成功法則 19 「総論・各論・結論」でロジカルに書く

「総論・各論・結論」は文章構成の基本です。文章を書くことに苦手意識のある人は、「総論・各論・結論」の構成に慣れてください。伝えたいことを「正しくわかりやすく伝える」ための基礎になります。

| 集客アップ | ★★★★☆ | 成約アップ | ★★★★☆ | コンテンツ改善 | ★★★★★ |

「1ページ＝1キーワード」に適した「総論・各論・結論」の文章構成

コンテンツSEOでは、「1ページ＝1キーワードで書く」ことが鉄則です。そのために適した書き方が、**「総論・各論・結論」の文章構成**です。「総論・各論・結論」の文章構成は、ロジカルライティングの典型的なフレームワークとしても有名です。

● 「総論・各論・結論」の文章構成

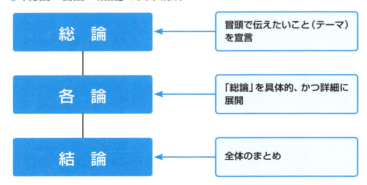

最初にそのページ全体で言いたいことの「総論」を述べます。次に総論で書いたことを具体的に書く「各論」のコーナーを書きます。最後に全体のまとめとなる「結論」を書くという構成です。

読者は総論を読んだ段階で、このページ全体で言いたいことの概要を理解できます。全体を把握したうえで、各論に入っていくので理解しやすい構成となりま

す。最後にまとめとなる「結論」でしめくくるので、全体像を改めて確認できることになります。

「総論・各論・結論」の文章構成は各論が肝

「総論・各論・結論」の文章構成では、総論を受けてより具体的な内容を書いていく「各論」のコーナーが肝心です。より深く、より具体的な内容を書こうと思うと、各論のコーナーが膨らんでいくことになるからです。**各論のコーナーでは、総論で書いたことを具体的かつ詳細に書いていきましょう。**

● 「総論・各論・結論」で肝心なのは各論のコーナー

文章が苦手な人は、「総論・各論・結論」の構成（骨子）をしっかり作るべし

文章を書くことに慣れていない人は、「総論にこんなことを書こう」「各論はこんなふうに展開しよう」「結論はこんなふうにまとめよう」という**大筋（骨子）を考えてから、文章を書いていく**ようにしましょう。文章を書くことが苦手という人の多くは、**文章が下手なのではなく、構成がぐちゃぐちゃになってしまっているだけです**。いきなり1行目から書いていくのではなく、「総論・各論・結論」の構成をじっくりと組み立ててから、文章を書くことに慣れてください。

例えば「メルマガライター　資質」というキーワードのページを考えてみましょう。「メルマガライターに必要な資質」にはどんなものがあるかを具体的に落とし込んでみます。「3つの資質を書いていこう」というところまで決まれば、そのあとの文章化が楽になります。

● 「総論・各論・結論」の構成

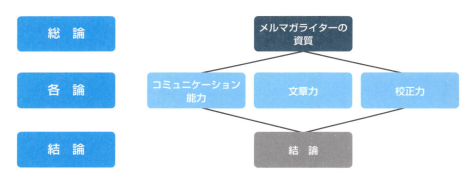

⚠ 「総論・各論・結論」の文章例

「総論・各論・結論」の文章構成で書いた原稿を見てください。このページのキーワードは「メルマガライター　資質」です。「メルマガライター　資質」というキーワードに関する内容だけでまとまっている原稿になっています。**キーワードが全体に散りばめられている点も、SEOに効果的**です。

総論

メルマガライターになるための3つの資質

グリーゼでは、全国のライターをネットワークしています。事業拡大に向けて、メルマガライターを募集しています。グリーゼが求めるメルマガライターの資質には、以下の3つがあります。

各論 ❶

メルマガライターに必要な資質①　コミュニケーション能力

グリーゼでは、全国の企業様からの相談を受けて、担当ライターが代行して制作を行っています。ライターは企業の担当者様から情報を引き出し、メルマガの企画、設計、テーマ決め、執筆までをひとりで行わなければなりません。ここで重要なのがコミュニケーション能力です。電話、メール等を使い、円滑なコミュニケーションを行う能力が必要です。

各論 ❷

メルマガライターに必要な資質②　文章力

グリーゼが請け負うメルマガは、IT関連、不動産関連、教育関連などさまざまです。配信頻度の多い企業様の場合、週に3本のメルマガを配信しているケースもあります。短時間に、高品質のメルマガを仕上げるために、文章力は不可欠になります。わかりやすい文章を書けることはもちろん、キャッチコピー等の能力も必要です。

各論 ❸

メルマガライターに必要な資質③　校正力

グリーゼがメルマガを担当する企業様発信のメールマガジンは、数千から数万の読者を抱えている場合がほとんどです。誤字脱字があると、企業の信頼を失い、お客様から誤解を受けてしまうこともあります。最終原稿を厳しい目でチェックできる校正力が必要になります。

「資質に不安あり」でも大丈夫！

結論

グリーゼが「メルマガライターとして求める資質」は、コミュニケーション能力、文章力、校正力の3つです。「ちょっと不安」という人もあきらめないでください。足りないところはグリーゼの教育システムがサポートします。

SEOに効果的な「1ページ＝1キーワード」で書きたいときは、「総論・各論・結論」の文章構成で書いてみてください。

3
〜 コンテンツマーケティング時代の文章術
ロジカルライティング〜

「総論・各論・結論」へのHTMLタグの付け方

「総論・各論・結論」で書いた文章は、次の図のようにタグを付けましょう。大見出しは**h1タグ**を付けます。小見出しには**h2タグ**を付けます。本文はpタグが付きます。小見出しの下の階層にも見出しが付く場合は、h3〜h6のタグをつけていきます。正しいタグを付けることによって、**SEO的な評価も上がります**。

● 「総論・各論・結論」へのタグ付け

1. ロジカルライティングの典型的なフレームワーク「総論・各論・結論」の文章構成をマスターしよう
2. 各論のコーナーでは、総論で書いたことを具体的かつ詳細に書いていこう
3. 「総論・各論・結論」の文章には、正しいタグを付けていこう

成功法則 20 パラグラフライティングをマスターする

小学生のころ、作文を書くときに行頭の1文字を字下げして、段落をつくりながら文章を書いた記憶があると思います。「パラグラフ＝段落」と理解している人もいますが、パラグラフと段落は違います。パラグラフを正しく理解し、パラグラフで書くメリットを知りましょう。

| 集客アップ | ★★★☆☆ | 成約アップ | ★★★☆☆ | コンテンツ改善 | ★★★★★ |

ひとつのテーマで統一！ パラグラフとは？

　パラグラフとは、**ひとつのテーマで統一された文章の集まり**のことです。図にしてみると、以下のようになります。だらだら書いた文章をいくつかのブロックに分けたものですが、**ブロックにする文章は「ひとつのテーマで統一」されていなければなりません。**

「文章を書いていて、長くなってきたから改行を入れて見やすくしよう」とブロック化しても、それはパラグラフではありません。パラグラフはあくまでも「ひとつのテーマ」に集中して書かれている文章のかたまりであると認識してください。

● パラグラフとは？

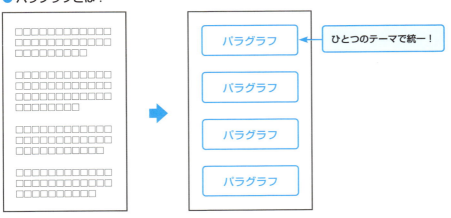

3 〜コンテンツマーケティング時代の文章術 ロジカルライティング〜

パラグラフの例として、次の文を読んでみてください。

例1　パラグラフの例／良い例

> 携帯電話でメールを送る方法を説明します。まず、アドレス帳から相手の名前を選びます。メールアドレスを選ぶと、件名と本文を入力できる画面が表示されます。その画面で文字を入力し、最後に送信ボタンをクリックします。送信完了画面が表示されますので、確認して画面を閉じてください。

この文章は、「携帯電話でメールを送る方法」というテーマで書かれています。**どの1行を取り出してみても、「携帯電話でメールを送る方法」から外れている文は見当たりません。**これがパラグラフの例です。

パラグラフを知らない人は、次のような文章を書いてしまいます。

例2　パラグラフの例／悪い例

> 携帯電話でメールを送る方法を説明します。まず、アドレス帳から相手の名前を選びます。アドレス帳とは、連絡先メールアドレスを管理するためのツールです。連絡先の氏名、会社名等もいっしょに登録できるので便利です。メールアドレスを選ぶと、件名と本文を入力できる画面が表示されます。その画面で文字を入力し、最後に送信ボタンをクリックします。送信完了画面が表示されますので、確認して画面を閉じてください。

携帯電話でメールを送る方法を書きはじめたものの、途中で出てきた「アドレス帳」という言葉の意味も説明したほうが親切かもしれないと思い立ち、途中に「アドレス帳」の説明を入れています。その結果、読者は「このパラグラフで言いたいことは、メールの送り方なのか、アドレス帳の説明なのか、どっちだろう？」と混乱してしまいます。**せっかく親切心で書き加えたことが、読者にとっては混乱の種になってしまう**かもしれないのです。

今回の例文は「メールの送り方」と「アドレス帳」という内容なので、それほど混乱しないかもしれません。ただし難しいテーマの場合、ひとつのパラグラフのなかにテーマから外れる話題が入ってくると文章が複雑化してしまいます。**ひとつのパラグラフではひとつのテーマに関することだけを書く**ようにしましょう。

アドレス帳の説明を入れたい場合は、アドレス帳ついて説明するための別パラグラフを作りましょう。複数のパラグラフを並べる際は、小見出しを付けると、

よりわかりやすくなります。

> **例2 改善例**
>
> ■ **携帯電話でメールを送る方法**
>
> 携帯電話でメールを送る方法を説明します。まず、アドレス帳から相手の名前を選びます。メールアドレスを選ぶと、件名と本文を入力できる画面が表示されます。その画面で文字を入力し、最後に送信ボタンをクリックします。送信完了画面が表示されますので、確認して画面を閉じてください。
>
> ■ **アドレス帳とは？**
>
> アドレス帳とは、連絡先メールアドレスを管理するためのツールです。連絡先のメールアドレスだけではなく、氏名、会社名、電話番号、住所などの個人情報もいっしょに登録できます。メールを作成する際は、アドレス帳から相手の名前を選ぶだけでメールアドレスを入力することができます。

「ひとつのパラグラフでは、ひとつのテーマだけを語る」ようにパラグラフを分けました。テーマで統一されているので、見出しも簡単につけることができます。読者は、**見出しを見ただけで「パラグラフにどんな内容が書かれているのか」を把握**できます。見出しで判断して、**読みたいパラグラフだけを読める**ようになるのです。

● パラグラフに小見出しを付けた例

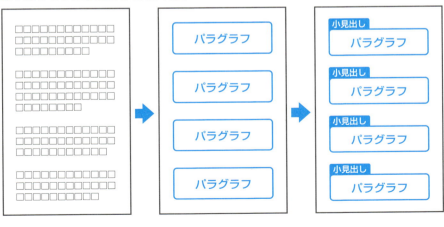

パラグラフを分けるほどではない場合は、注釈の形をとってもOKです。

例2 改善例

■携帯電話でメールを送る方法

携帯電話でメールを送る方法を説明します。まず、アドレス帳（注）から相手の名前を選びます。メールアドレスを選ぶと、件名と本文を入力できる画面が表示されます。その画面で文字を入力し、最後に送信ボタンをクリックします。送信完了画面が表示されますので、確認して画面を閉じてください。

注）アドレス帳とは？
アドレス帳とは、連絡先メールアドレスを管理するためのツールです。連絡先のメールアドレスだけではなく、氏名、会社名、電話番号、住所などの個人情報もいっしょに登録できます。

注釈にする場合は、注釈の文章量を減らし、単なる用語説明程度に抑えておいたほうが良いでしょう。

パラグラフで書くメリット

パラグラフを理解して文章を書いていくと、次のようなメリットがあります。

- 最初に、いちばん言いたいことを伝えられる
- 見出しを付けて、テーマを明確に示すことができる
- 全部読まなくても、理解できる
- 論点がずれることなく、統一感のあるページができる（ページごとに1テーマで完結）
- PCやスマホという「限られた画面」のなかで、見やすくなる

1. パラグラフとは「ひとつのテーマで統一された文章の集まり」であると理解しよう
2. テーマが異なる内容を書きたいときは、パラグラフを2つに分けよう
3. パラグラフで書くメリットを理解し、パラグラフライティングを徹底しよう

成功法則 21 「主題文、支持文、終結文」パラグラフの基本形をマスターする

文章の最小単位であるパラグラフは主題文、支持文、終結文で構成されます。主題文はパラグラフ全体で伝えるテーマを宣言する役割があります。主題文を受けて詳細に説明するのが支持文。締めの役割を果たすのが終結文です。

| 集客アップ | ★★★☆☆ | 成約アップ | ★★☆☆☆ | コンテンツ改善 | ★★★★★ |

パラグラフの基本形

パラグラフとは、ひとつのテーマで統一された文章の集まりです。**パラグラフには基本形があり、主題文、支持文、終結文で構成**されます。

● パラグラフの基本形

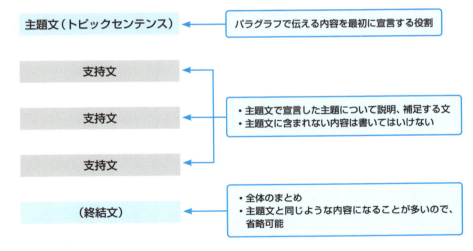

主題文

主題文(トピックセンテンス)は、**パラグラフの最初に書きます。パラグラフ全体で伝えたいテーマ(主題)**を伝える役割があります。主題文だけ読めば、パラグラフ全体でどんなことが書かれているのか、ある程度想像できるように書きましょう。

支持文

　支持文は、**主題文で書いたことを具体的に説明していく役割**があります。主題文に書いた内容だけに集中して説明を展開しましょう。主題文と関係ない話題を書きたいときは、別パラグラフを作ります。

終結文

　終結文は、**最後のまとめの役割**があります。締めの文を入れることによって、パラグラフ全体が引き締まります。主題文で書いたことを繰り返すような役割もあるので、くどくなる場合は省略可能です。

主題文の書き方

　主題文は、**パラグラフ全体のテーマを伝える役割**があり、パラグラフのなかで**最も重要な1行**です。読者はこの1行だけ読んで、「この後のパラグラフ全体を読むか読まないか」を判断します。漠然とした主題文ではなく、具体的な主題文を書きましょう。

例1 原文

> 群馬県は、いいところです。

　主題文は、「テーマと限定句」で書きます。「群馬県は、いいところです」という主題文の場合、テーマが「群馬」で、限定句が「いいところ」になります。
　限定句は「そのパラグラフで、テーマについてどの範囲のことを書くの？」ということを決める役割があります。「群馬県」というテーマに対して「いいところ」という範囲はあまりにも幅広くて、どんな内容のパラグラフになるのか、想像ができません。
　良い主題文は、読者が「主題文だけ読んで、この後どんな展開になるかを想像できる」文です。「群馬県は、いいところです」という主題文を読んで、人によっては、「群馬県の気候の良さ」を想像するかもしれません。または「群馬県の福祉関係の良さ」や「観光地が多くて楽しい」という話が展開されると想像する人もいるでしょう。**読者によって想像することが異なるような主題文は、良い主題文とは言えません。**では、次の主題文はどうでしょう？　この主題文のあとに、どんな支持文が展開されるか想像しながら読んでみてください。

> **例1 改善例**
>
> 群馬県は、草津、水上、伊香保という3つの温泉地が有名です。

　この文の場合、テーマが「群馬」で、限定句が「草津、水上、伊香保という3つの温泉地」になります。群馬についてあれもこれも説明するのではなく、「草津、水上、伊香保という3つの温泉地」のことだけに**絞り込んで説明しますという宣言**になっています。

　この主題文を読んだ読者は、だれもが「群馬県の3つの温泉地について、詳しい説明が展開されるんだろうな」と想像します。**誰もが同じ展開を想像できるので、良い主題文**だと言えるのです。

> **例1 改善例**
>
> 群馬県は、温泉が有名です。50代以上に人気の温泉を2カ所ご紹介しましょう。

　テーマが「群馬」で、限定句が「50代以上に人気の温泉を2カ所」になります。**主題文を2つの文に分けている**例です。1文で長くなる場合は、一文一義のルールにしたがって、文を短く切ることも大事です。「群馬県は、温泉が有名です」だけでは漠然としているので、**「50代以上に人気の温泉を2カ所」と書き加え、この後の展開を想像しやすくしています**。こちらも良い主題文です。このあとの支持文では、50代以上に人気の温泉2カ所の具体的な名称や、人気の秘密が展開されるのでしょう。

　このように、**主題文は、パラグラフ全体のテーマを伝え、そのあとの支持文がどんな展開になるのかを想像できるように、具体的に書きましょう**。

■ 支持文の書き方①

　支持文は、主題文に書かれているテーマについて、限定句の範囲で書いていきます。主題文のテーマからも、限定句の範囲からも逸脱してはいけません。主題文と関係ない余計なことを書かないでください。

　文章を書く前に、ロジックツリーを書いておくことをおすすめします。

3

コンテンツマーケティング時代の文章術
〜ロジカルライティング〜

● ロジックツリー

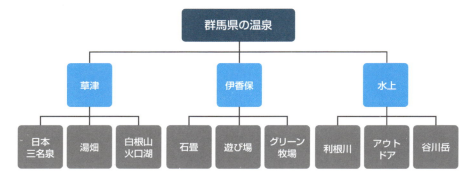

例2

> 群馬県は、草津、水上、伊香保という3つの温泉地が有名です。草津温泉は、兵庫の有馬温泉、岐阜の下呂温泉と並ぶ、日本三名泉と呼ばれています。街の中心に、広大な湯畑があり、足湯を楽しめるスポットもあります。エメラルドグリーンの白根山火口湖の湯釜を目指す観光コースがおすすめです。伊香保温泉は、365段の急な石畳が有名です。石畳の両脇には、温泉旅館、みやげ物屋、射的、弓道ゲームができる遊び場などがあります。乗馬や乳しぼりが体験できるグリーン牧場に立ち寄って帰るコースがおすすめです。水上温泉は、利根川上流の渓流に沿って、大小の温泉宿が並びます。カヌーやラフティング、キャンプが楽しめる施設も充実しています。登山家が憧れる谷川岳をまわる観光コースがおすすめ。群馬県の温泉は、他にも四万温泉、猿ヶ京温泉、磯部温泉などもあり、東京近郊からの旅行者を楽しませています。

冒頭の主題文に続けて支持文が展開され、最後に終結文がある「パラグラフ」になりました。パラグラフの構成ですべての文章を書いていくと、**わかりやすい反面、堅苦しい印象**になってしまう場合もあります。その場合は、パラグラフの構成で書いた後に問いかけ、例えなどを入れながら文章を崩していきましょう。パラグラフの構成の文章を書く前に崩そうとすると、テーマから外れた文を入れてしまう危険性もあるので、あくまでも**「パラグラフの構成で組み立ててから崩す」**ほうが安心です。

例2 改善後

群馬県の温泉と聞いて、どんなところを思い出しますか？ 群馬県は、草津、水上、伊香保という3つの温泉地が有名です。草津温泉は、兵庫の有馬温泉、岐阜の下呂温泉と並ぶ、日本三名泉と呼ばれています。街の中心に、広大な湯畑があり、足湯を楽しめるスポットもあります。エメラルドグリーンの白根山火口湖の湯釜を目指す観光コースがおすすめです。伊香保温泉は、365段の急な石畳が有名です。石畳の両脇には、温泉旅館、みやげ物屋、射的、弓道ゲームができる遊び場などがあります。乗馬や乳しぼりが体験できるグリーン牧場に立ち寄って帰るコースがおすすめです。水上温泉は、利根川上流の渓流に沿って、大小の温泉宿が並びます。カヌーやラフティング、キャンプが楽しめる施設も充実しています。登山家が憧れる谷川岳をまわる観光コースがおすすめ。群馬県の温泉は、他にも四万温泉、猿ヶ京温泉、磯部温泉などもあり、東京近郊からの旅行者を楽しませています。

┃支持文の書き方②

支持文の書き方について、別の例を用いてもう少し深く説明していきます。次の例文を読んでみましょう。

例3

グリーゼには、2つの事業部があります。ひとつの事業部は、「ライティング事業部」です。社内のディレクターが、260名のライターをネットワークして事業を行っています。専門分野に強いライターが多いのが特徴。メルマガ、SEOコンテンツ、取材記事の制作などを行っています。もうひとつの事業部は、「セミナー事業部」です。ライティング事業部で培ったノウハウを整理し、企業向け、地方商工会議所向けのセミナーを行っています。Webライティング等のライティング系のセミナーが多いのが特徴。インターネットビジネス立ち上げなどの連続講座も行っています。グリーゼでは、ライティング事業部とセミナー事業部の連携を取りながら、事業の拡大を目指しています。

パラグラフを分解してみましょう。

3
〜ロジカルライティング〜
コンテンツマーケティング時代の文章術

111

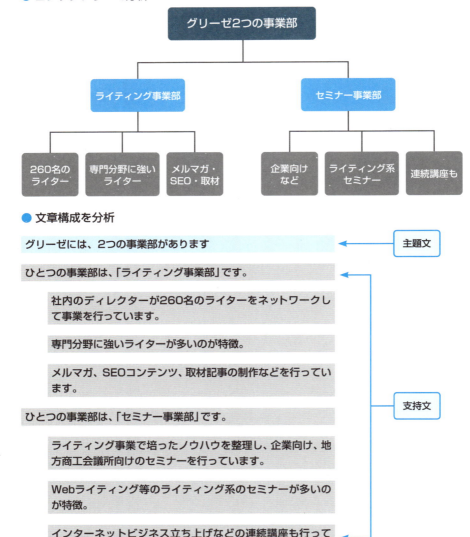

2つの事業が並列の関係で、どちらも同じくらい重要な事業である場合は、そ

れぞれの事業の説明を並列に展開していきます。前ページのパラグラフでは、「ライティング事業」も「セミナー事業」も3行ずつ説明しています。内容の深さも同じです。

どちらか一方が重要な事業の場合は重要な事業の説明を、ボリュームも多く（行数を多く使う）、内容の深さもより深く書くようにしましょう。

例3　パラグラフの修正例（ライティング事業がメインの場合）

> グリーゼには、2つの事業部があります。ひとつの事業部は、「ライティング事業部」です。社内のディレクターが、260名のライターをネットワークして事業を行っています。専門分野に強いライターが多いのが特徴。メルマガ、SEOコンテンツ、取材記事の制作などを行っています。もうひとつの事業部は、「セミナー事業部」です。ライティング事業部で培ったノウハウを整理し、企業向け、地方商工会議所向けのセミナーを行っています。グリーゼでは、ライティング事業部をメインとして、セミナー事業部の連携を取りながら、事業の拡大を目指しています。

パラグラフを分解してみましょう。

● 文章構成を分析（改善後）

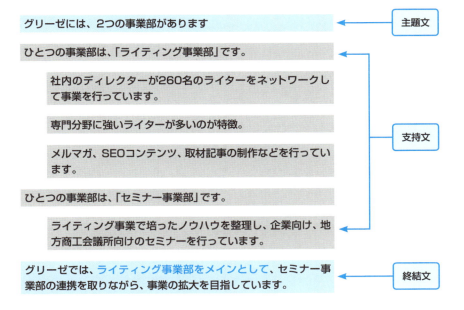

セミナー事業部の説明は1行に減り、内容の深さも浅くなっています。ライティング事業部についての説明を濃くして、セミナー事業部の説明を薄くすることによって、**どちらの事業部がメインの事業なのかが一目瞭然です**。終結文でも「ライティング事業部をメインとして」と明記して、**読者の理解を深める工夫**もしています。もちろん冒頭の主題文で「グリーゼには、2つの事業部があります。メインの事業部がライティング事業部で、サブ的な事業部がセミナー事業部です。」と書いてから、支持文に移っても問題ありません。

このように、支持文のボリュームや書き方を工夫することによって、読者に与える印象を操作することができます。

箇条書きのパラグラフ

パラグラフは、文章で書かなければならないということはありません。見やすさを優先して、箇条書きで書くこともできます。

例3 箇条書きを使ったパラグラフ

グリーゼには、2つの事業部があります。

- ライティング事業部
  - 社内のディレクターが、260名のライターをネットワーク
  - 専門分野に強いライターが多いのが特徴
  - メルマガ、SEOコンテンツ、取材記事の制作などを実施
- セミナー事業部
  - ライティング事業部で培ったノウハウを整理し、企業向け、地方商工会議所向けのセミナーを実施
  - ライティング系のセミナーが多いのが特徴
  - インターネットビジネス立ち上げなどの連続講座も開催

グリーゼでは、ライティング事業部とセミナー事業部の連携を取りながら、事業の拡大を目指しています。

さらに図表を使った工夫も可能です。

例3　図表を使ったパラグラフ

グリーゼには、2つの事業部があります。

事業部名	内　容
ライティング事業部	・社内のディレクターが、260名のライターをネットワーク ・専門分野に強いライターが多いのが特徴 ・メルマガ、SEOコンテンツ、取材記事の制作などを実施
セミナー事業部	・ライティング事業部で培ったノウハウを整理し、企業向け、地方商工会議所向けのセミナーを実施 ・ライティング系のセミナーが多いのが特徴 ・インターネットビジネス立ち上げなどの連続講座も開催

グリーゼでは、ライティング事業部とセミナー事業部の連携を取りながら、事業の拡大を目指しています。

1. パラグラフの基本形（主題文、支持文、終結文）を理解しよう
2. 主題文（トピックセンテンス）では、パラグラフ全体で伝えたいテーマ（主題）について「テーマ＋限定句」の構成で書こう
3. 支持文では、主題文で書いたことを具体的に説明していこう
4. 終結文は、締めの役割をもたせ、最後のまとめを書こう
5. パラグラフの構成で組み立ててから、崩しを入れてみよう
6. 箇条書きのパラグラフや図表を使ったパラグラフも活用しよう

3　～コンテンツマーケティング時代の文章術～ロジカルライティング～

成功法則 22 キーワード出現率よりも「ユーザーに役立つかどうか」が大事

「キーワード出現率」は、過去のSEOで議論された話題です。最新SEOにおいては「キーワード出現率を考えて文章が読みにくくなるよりは、最初からユーザーに役立つかどうかに徹して文章を書くべき」という考え方が一般的です。

| 集客アップ | ★★★★★ | 成約アップ | ★★☆☆☆ | コンテンツ改善 | ★★★★☆ |

キーワード出現率ってなに？

　キーワード出現率とは、「上位表示させたいキーワードがページのなかのすべての単語に対して、何パーセントの割合で含まれているか」を示す比率のことです。SEOの勉強をしていくと、必ず「キーワード出現率」という言葉にぶつかり、その比率について悩むと思います。

　古いSEOの考え方には、「キーワード出現率を何パーセントにして文章を書くと、SEO的に有利である」という考え方がありました。「キーワード出現率は5%が適正」「10%を超えるとスパムになる」などと議論されたのは過去のことです。

キーワード出現率よりも重要なこと

　最新のSEOでは、**キーワード出現率はあまり考慮する必要はありません**。キーワード出現率を気にしながら文章を書くと、「キーワードをもっと書かなければ……」ということが気になり、文章が読みにくくなってしまいます。キーワード出現率よりも、「役立つコンテンツかどうか」を考えてコンテンツを作っていきましょう。

　「ユーザーに役立つコンテンツ」は最後まで読まれ、ページ滞在時間を延ばします。コンテンツへの満足度があがれば「他のページも見てみよう」と思われ、ページ回遊率が引きあがります。「役に立ったよ」ということがFacebookやTwitterなどのSNS等で拡散されることも期待できます。コンテンツへのリンクを張られ、さらに多くの人の目に触れる可能性もあるのです。

　常に「ユーザーに役立つコンテンツを作ろう」と意識することが、好循環を引き起こし、Webサイトを人気サイトへと成長させてくれます。

キーワード出現率の計測方法

「最新のSEOでは、キーワード出現率は関係ない」ということを理解したうえで、キーワード出現率の計測方法を知っておくことは無駄ではありません。

例として、筆者が所属する企業グリーゼの「メルマガ　制作」のページのキーワード出現率を調べてみましょう。

● キーワード出現率チェックツールの例

https://www.searchengineoptimization.jp/keyword-density-analyzer

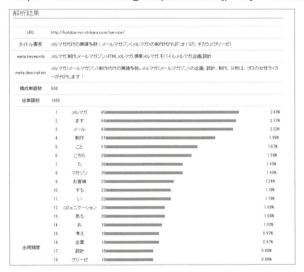

解析結果を見ると「メルマガ」というキーワードが2.43%、「制作」というキーワードが1.99％含まれていることがわかります。こういった数値は目安として見る程度にとどめてください。逆にあまりにもキーワード出現率が高いと、スパムと扱われてしまうケースもあるので、要注意です。

1. キーワード出現率を意識するSEOは古いSEOである
2. キーワード出現率にとらわれると読みにくい文章になる
3. Googleと同じ意識に立って「ユーザーにとって役立つ高品質のコンテンツ」を作ることだけを考えよう

成功法則 23　一文一義のルールで書く

わかりにくい文章の原因のひとつに、「一文が長い」「一文が複雑な構成になっている」という点があります。ひとつの文に、あれもこれもと詰め込まずに、シンプルな文を書くように心がけましょう。シンプルでわかりやすい文を書く方法として、「一文一義のルール」があります。「一文一義のルール」は、わかりやすい文章を書くための最重要ルールです。

集客アップ	★★☆☆☆	成約アップ	★★★☆☆	コンテンツ改善	★★★★★

一文一義のルールとは？

わかりやすい文章を書くために**最も重要なルール**は、「一文一義のルール」です。「一文一義」とは、**「ひとつの文では、たったひとつのことだけを書く」**というルールです。

例文を見てください。

例1 原文

学生からたくさんのレポートが送られてきますが、複数の講師が順にチェックして、最終的には教授が5段階の評価を行いますので、1週間から2週間、結果が届くまでお待ちください。

ひとつの文で4つのことを伝えようとしています。1文が長く、わかりにくくなっています。「一文一義のルール」で以下のように改善します。

例1 改善後

学生からたくさんのレポートが送られてきます。複数の講師が順にチェックします。最終的には教授が5段階の評価を行います。1週間から2週間、結果が届くまでお待ちください。

「一文一義のルール」で、4つの文に分割しました。「一文一義のルール」にしたがって文を短く切っただけで、わかりやすく修正できました。

ただし、一文一義の文が続くと、「短い文の連続でそっけなく感じる。冷たい印象を受ける」という場合があります。その場合は、読みにくくならない程度にいくつかの文をまとめても問題ありません。

例1 再改善後

> 学生からたくさんのレポートが送られてきます。**複数の講師が順にチェックして、最終的には教授が5段階の評価を行います。** 1週間から2週間、結果が届くまでお待ちください。

太字の文は「一文一義のルール」になっていませんが、この1文があるからといって「わかりにくい」というほどでもありません。「講師のチェック」と「教授のチェック」は一連の流れの作業なので、ひとつの文にまとめてしまっても違和感なく読み進められます。

すべての文を「一文一義のルール」でそろえてしまうことによって、読者に「冷たい印象」「そっけない印象」を与えてしまう場合もあるのです。一度「一文一義のルール」にしたがって修正したあとで、「つなげても違和感のない程度」に、文をつなぎなおすことをおすすめします。

「長い文」「短い文」のメリット・デメリット

わかりやすい文を書くためには、「一文一義のルール」を守って書くことが大事です。ただし、「一文一義のルール」は**すべての文章で効果的ということではありません**。

短い文が続くと簡潔でわかりやすい一方、冷たい印象を与えてしまうケースもあります。ターゲットや文章の目的によっては、長めの文が好まれることもあります。

例えば、小説のような文章は「わかりやすく伝えたい」場面もあれば、わざと「わかりにくい表現にしておく」場面もあります。複雑な表現やどちらにもとれるような文章を書いて、**読者に想像させたり、考えさせたりするケース**です。複雑な文章構成にして、格式高さを演出することもあります。

複雑な文章構成の「長い文」と、シンプルな文章構成の「短い文」（一文一義のルール）では、以下のような印象の違いがあります。

「長い文」「短い文」のメリット・デメリットを理解して、使い分けるようにしましょう。

3

～ロジカルライティング～
コンテンツマーケティング時代の文章術

● 「長い文」と「短い文」のメリット・デメリット

	長い文	短い文
メリット	・複雑な文章構成になるので格式高く感じる ・情緒的な印象・おとなっぽい文章に感じる ・やわらかい印象、優しい印象	・シンプルな文になるのでわかりやすい ・スピード感がでる ・簡潔
デメリット	・複雑で、わかりにくく感じる	・冷たい印象 ・断定的、高圧的 ・幼い文章に感じる

文が長くなってしまう原因は？

　国語の授業で習ったかと思いますが、文には次の3つのタイプがあります。単文、重文、複文です。

● 単文・重文・複文の違い

　【単文】主語と述語が、1組だけ入っている文

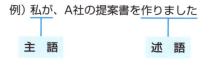

　【重文】主語と述語の関係が複数あり、並列に並んでいる文

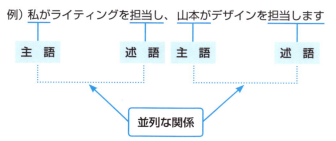

【複文】主語・述語の関係が複数あり、その関係が並列でない場合
またば
主語・述語の関係が複数あり、その一方が他方に含まれている文

例）私は、山本さんがデザインを担当することになったと聞きました

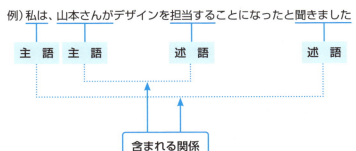

「一文一義のルールで書く」ということは、「単文で書く」という意味です。重文、複文は、「主語、述語」の関係が複数入っている複雑な文章構成になってきます。わかりやすい文を書こうと思ったら、「単文」で書くことを心がけてください。

1 「一文一義のルール」はわかりやすい文を書くための鉄則です
2 「ひとつの文で、たったひとつのことだけを伝える」ように、単文で書くことを心がけよう
3 長い文、短い文のメリット・デメリットを知って書き分けよう
4 単文、重文、複文の違いを理解しよう

成功法則	主語と述語の使い方をマスターする
24	

文章には必ず主語と述語があります。英語は主語と述語がすぐ近くにありますが、日本語は主語が冒頭にあり、述語が文末にあります。日本語は「最後まで読まないと結論がわからない」という弱点があるのです。対策としては「主語と述語を近くに置くこと」と「主語と述語の関係を明確にすること」があります。

集客アップ	★★☆☆☆	成約アップ	★★★☆☆	コンテンツ改善	★★★★★

■ 主語と述語を近くに置く

　文のなかに必ずセットで入っているもの。それが主語と述語です。さっそく例文を見てみましょう。

例1 原文

> 高橋君は、学校の校庭で縄跳びをしている川島君の姿を見ていた。

　「高橋君は」という主語のあとに「学校の校庭で縄跳び」と続きます。このあたりまで読んでくると「高橋君が学校の校庭で縄跳びをしていたのかな？」と想像しながら読み進めてしまいます。ところが最後まで読んでみると「学校の校庭で縄跳びをしていた」のは「高橋君」ではなくて「川島君」だとわかります。「高橋君」は、「川島君が縄跳びをしている姿」を見ていただけです。

　「最後まで読まないと、すべてが把握できない」のが日本語の弱点です。途中まで読んで想像したことが、最後の最後でくつがえってしまうのでは、読者は混乱してしまいます。

　読者の混乱を避けるためにも、主語と述語を近くに配置しましょう。

例1 改善後

> 学校の校庭で縄跳びをしている川島君の姿を、高橋君が見ていた。

　この文であれば、「高橋君が学校の校庭で縄跳びをしていたのかも」などと想像

122

する人は誰もいません。**読者に誤解を与えない文**に修正することができました。

主語と述語のねじれをなくす

　文のなかの「主語と述語がねじれている文」があります。ねじれている状態とは、**主語と述語が正しい組み合わせになっていない状態**のことです。
　例文を読んでみてください。

例2 原文
> 私の目標は、今月の売上げを先月の売上げの2倍にします。

「私の目標は」が主語なので、適切な述語は「〜です」となります。「私の目標は〜2倍にします」という上記のような状態を「主語と述語がねじれている」といいます。
　主語と述語がねじれていると、言いたいことが明確に伝わらなくなってしまいます。主語と述語を正しく組み合わせるようにしましょう。

例2 改善後
> 私の目標は、今月の売上げを先月の売上げの2倍にすることです。

　もとの例文の「2倍にします」という述語を使いたい場合は、主語は「私の目標は」ではなく「私は」にしなければなりません。

例2 再改善後
> 私は、今月の売上げを先月の売上げの2倍にします。
> （または）
> 私は、今月の売上げを先月の売上げの2倍にすることを目標とします。

　上記の改善例は、主語と述語が正しい組み合わせになっています。

1. 主語と述語は近くに配置しよう
2. 主語と述語のねじれをなくそう

成功法則	修飾語と被修飾語の関係を
25	**明確にする**

わかりやすい文とは、誰が読んでも同じ解釈ができる文のことです。読む人によって「こういう解釈もできるし、こういう解釈もできるよね」という状態の文は、読者を混乱させるだけのダメな文です。解釈を複雑にしてしまう原因のひとつに、「修飾語と被修飾語」があります。修飾語と被修飾語の書き方をマスターして「誰が読んでも同じ解釈ができる文」を書きましょう。

集客アップ	★★☆☆☆	成約アップ	★★☆☆☆	コンテンツ改善	★★★★★

修飾語と被修飾語の関係を1対1にする

　文章を書くときに、表現豊かな文章にしようとするあまり、形容詞、副詞などいろいろな言葉を文中に盛り込んでしまい、文章がわかりにくくなってしまうことがあります。例えば「大きい水玉のタオル」というちょっとした表現でも「水玉が大きい」のか「タオルが大きい」のかわかりません。**2通りに解釈できてしまう表現は、わかりやすい文とは言えない**のです。

「大きい」という言葉が「水玉」にかかっている可能性もあり、「タオル」にかかっている可能性もあるので、2通りに解釈されてしまうのです。**係り受けの関係は1対1にすることが原則**です。誰が読んでも「この言葉は、この言葉にかかっている」ということが明確になるようにしましょう。

　例文を見てみましょう。

例1 原文

青いファイルのなかにあるカタログをお持ち帰りください。

　この文は「ファイルが青い」のか「カタログが青い」のかわかりません。複数の解釈ができてしまう文は、読者を混乱させてしまいます。

124

⚠ 解釈① 「青い」が「ファイル」にかかるという解釈

青い ファイルのなかにあるカタログをお持ち帰りください。

「青色のファイルのなかに、カタログが入っている」と読み取れる

⚠ 解釈② 「青い」が「カタログ」にかかるという解釈

青いファイルのなかにあるカタログをお持ち帰りください。

「ファイルの色が何色かは不明だが、ファイルのなかに青いカタログが入っている」と読み取れる

　読者を混乱させることなく、誤解を生まないように修正すると、以下の文になります。

例1　解釈①／改善後

- 青いファイルのなかの、カタログを取り出してください。
- "青いファイル"のなかのカタログを取り出してください。
- 青いファイルを開けてください。そのなかから、カタログを取り出してください。

読点（、）やカッコなどを使って、「青いファイル」がひとまとまりであることがわかるように表記します。または文章を2つに分けて、誤解が起こらないように書き直します。

例1 解釈②／改善後

- ファイルのなかの、青いカタログを取り出してください。
- ファイルのなかにある青いカタログを取り出してください。
- ファイルを開けてください。そのファイルのなかから、青いカタログを取り出してください。

「青い」と「カタログ」を近くに置きます。または文章を2つに分けて、誤解が起こらないように書き直します。

簡単な解決策

解決策のひとつは、修飾語と被修飾語を近づけることです。係り受けの関係にある言葉は、近くに置くように努力しましょう。

● 修飾語と被修飾語を近づける

修飾語 ⟶ 被修飾語

修飾語と被修飾語が離れているとわかりにくい

修飾語 ⟶ 被修飾語

修飾語と被修飾語を近くに置くとわかりやすく改善できる

文を2つに区切って
係り受けの関係をシンプルにする

　ひとつの文のなかにたくさんの修飾語（形容詞や副詞など）を入れ込むと、係り受けが複雑になってわかりにくくなります。どの言葉がどの言葉にかかっているのか明確にしましょう。

　場合によっては、思い切って文を2つに分割する方法が安全です。

例2 原文

> 背の高い短髪の真っ黒に日焼けした大勢の高校生たちが、猛スピードで駆け抜けていった。

　この文の主語は「高校生たち」で、述語は「駆け抜けていった」です。「背の高い」「短髪の」「真っ黒に日焼けした」「大勢の」は「高校生たちの様子」を説明するための修飾語になります。

「高校生たちの様子」を詳しく説明したい、具体的に伝えたいと思うあまり、たくさんの修飾語を付けているのですが、かえって文を複雑にしてしまっています。この1文で言いたいことがぼやけてしまいました。

　この文は単文で「主語と述語の関係」は1対1になっていますが、文をシンプルにしたほうがわかりやすいので、思い切って2つの文に分けましょう。

例2 改善後

> 背の高い短髪の真っ黒に日焼けした大勢の高校生たち。彼らは、猛スピードで駆け抜けていった。
> （または）
> 大勢の高校生たちが、猛スピードで駆け抜けていった。彼らは、背が高く短髪で真っ黒に日焼けしていた。

3

〜コンテンツマーケティング時代の文章術〜 〜ロジカルライティング〜

127

形容詞、副詞のメリット・デメリット

　単調な文に、形容詞や副詞などを加えると、文章としての表現力が高まります。また形容詞や副詞が文章に表情を与え、魅力的な文章に仕上がってきます。ただし、逆に1文が長くなり、文章が複雑になってしまう危険性もあります。係り受けを明確にして、シンプルな文を書きましょう。

1. どの修飾語が、どの言葉にかかっているか（係り受け）が、1対1になるように書こう
2. 形容詞、副詞を安易に増やさないようにしよう。係り受けが不明確な文は誤解を生む危険性あり
3. 係り受けが複雑になって文が長くなった場合は、文を2つに分けるなどして、シンプルな文を書くようにこころがけよう

| 成功法則 26 | 箇条書きで、右脳と左脳で理解させる |

箇条書きは文章をわかりやすくする特効薬です。項目として並べたところが視覚的に目立ち、文章全体を見やすくする効果もあります。文章を書きながら、または文章を書き終えた後の見直しで「箇条書きにできるところはないかな？」と考え、積極的に箇条書きを使うように心がけましょう。

| 集客アップ | ★★★★☆ | 成約アップ | ★★★☆☆ | コンテンツ改善 | ★★★★★ |

箇条書きの書き方とメリット

箇条書きは文章中のいくつかの項目を並べる書き方のことです。文中の項目を並べることによって、**項目が目立ち、わかりやすくなる**効果があります。

例文を見てみましょう。

例1 原文

当社には、医療事業部、環境事業部、産業事業部があります。

例1 改善後

当社には、次の事業部があります。
- 医療事業部
- 環境事業部
- 産業事業部

箇条書きを使うと、パッと見ただけで「3つ項目がある」と瞬間的に伝わります。文章で書くよりも箇条書きの方が見やすく、わかりやすくなります。

なぜ、箇条書きがわかりやすいのか？

人間の脳には左脳と右脳とがあります。**左脳は思考や論理をつかさどる論理的な脳**といわれています。一方、右脳は**感性や知覚をつかさどる直感的な脳**と言われています。私たちは、目、耳、鼻など五感で感じ取った情報を脳に入れ、左脳と右脳の両方を使い、両方の脳を連携させながら理解を深めていきます。

3

～コンテンツマーケティング時代の文章術
～ロジカルライティング～

129

● 右脳と左脳の連携

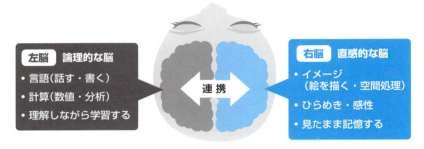

　箇条書きで表記するとレイアウトが空間的にひろがり、記号を用いるので文字だけではなく図柄のような表現になります。**左脳が文章（言語）を理解するだけではなく、右脳が図としての理解も行う**ので、より理解しやすく、記憶に残りやすくなります。

　長くダラダラした文章を読んでいてなかなか頭に入らないのは、左脳だけで処理しようとしているからです。内容をきちんと伝えるには、図や写真を入れたり、表で整理したりするほうが効果的です。箇条書きは図や写真ではありませんが、レイアウトや記号などを使っているため、**文章だけの表現よりも、右脳に訴える力**が強くなります。**箇条書きの表現に対して、左脳と右脳の両方の脳で理解**しようとしているのです。

● **箇条書きは脳全体で理解される**

順番性のある箇条書きと、順番性のない箇条書き

箇条書きには順番性のある箇条書きと、順番性のない箇条書きがあります。

⚠ 順番性のある箇条書き

例えばプリンタの操作手順であれば、操作する順番に記述していくのが大原則です。箇条書きには番号付きの記号を付けて並べましょう。

例2 **順番性のある箇条書き**

プリンタで印刷する方法を説明します。

① プリンタの電源を入れる
② 印刷したいファイルを開く
③ メニューから「印刷」をクリックする
④ 「スタート」ボタンをクリックする

順番性がある項目にもかかわらず、番号付きではない記号で並べてしまうと、以下のようになります。

例2 **順番性があるのに番号を使わない例**

プリンタで印刷する方法を説明します。

・プリンタの電源を入れる
・印刷したいファイルを開く
・メニューから「印刷」をクリックする
・「スタート」ボタンをクリックする

項目を番号付きの記号で並べた箇条書きと、番号付きではない記号（・）で並べた箇条書きを比較してみてください。番号付きの記号で並べた箇条書きの方が操作しやすく、わかりやすい表現になっています。

⚠ 順番性のない箇条書き

逆に順番性のない事柄については、どのように箇条書きを使えばいいのでしょうか？ 項目が並列の関係で順番性がない場合は、番号付きの記号ではなく、「□」「■」「●」などの記号を使いましょう。

| 例3 | 順番性のない箇条書き |

会員登録には以下の3点をご提出ください。
- 申込書
- 登録費用（3,000円）
- 身分証明書

申込書、登録費用、身分証明書は、どの順番に用意しても良い位置付けです。3つの重要度も同じなので、同じ記号を付けています。

| 例3 | 順番性がないのに番号を使った例 |

会員登録には以下の3点をご提出ください。

① 申込書
② 登録費用（3,000円）
③ 身分証明書

番号付きの箇条書きでもNGではありませんが、少し注意が必要です。番号付きの記号を使うと、読者は「①申込書から順番に用意するべきなのかな？」または「重要な順番に並んでいるのかな」と想像してしまいます。申込書、登録費用、身分証明書はどの順番に用意してもOK、どの順番に提出してもOK、さらに3つとも同じ程度の重要度の場合は、番号付きの記号ではなく「・」「□」「－」などの記号を使うと良いでしょう。

1. 文章を書いていて箇条書きにできそうなところは、積極的に箇条書きを使おう
2. 右脳と左脳の特徴を理解し、箇条書きを使うメリットを知ろう
3. 順番性のある箇条書きと順番性のない箇条書きを書き分けよう

| 成功法則 27 | 箇条書きの項目数をマジカルナンバー7で処理する |

箇条書きの文章を書く際に、項目の数が多くなってしまうことがあります。人が一度に理解できる数を表す「マジカルナンバー7」を参考にして、必要に応じて箇条書きを2階層にするなど工夫しましょう。

| 集客アップ | ★★★★☆ | 成約アップ | ★★★☆☆ | コンテンツ改善 | ★★★★★ |

短期記憶と長期記憶を理解しよう

　私たちがWebサイトの文章を読むとき、脳のなかではどのような処理が行われているのでしょうか？　脳の記憶の仕組みとして、短期記憶と長期記憶があります。

● 短期記憶と長期記憶

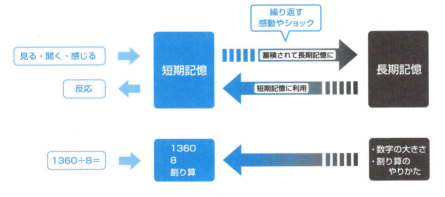

短期記憶

　Webサイトの文章を読むとき、私たちは短期記憶を使います。短期記憶とは、見たり、聞いたり、味わったりと五感を使って認知した情報を一時的に保管しておくための記憶エリアです。**時間にして20秒くらい**、**容量として7つ前後**のことしか記憶できないと言われています。

　例えば、自分の部屋にはさみを取りに行き、部屋についたとたんに「あれ？何を取に来たんだっけ？」と忘れてしまうことはありませんか？　短期記憶の記憶が短時間しかもたないのは、そうした経験からも理解できます。忘れないよう

にするために「はさみ、はさみ、はさみ……」とつぶやきながら自分の部屋に向かうこともありますが、**これはリハーサルと言って、短期記憶の時間を引き延ばそうとしている**のです。

　短期記憶の情報はすぐに忘れてしまいますが、**繰り返し学習したこと、衝撃的な出来事、感動したりすると、記憶として長期記憶のほうに引き継がれ、長期的に保管される**ことになります。長期記憶に入った情報は、知識として蓄えられていきます。

長期記憶

　長期記憶は、短期記憶から伝達された情報が長期的に保管されていく記憶エリアです。長期記憶に入った情報は、**半永久的に保管され知識**となります。短期記憶で、ものごとを処理する際には、長期記憶の知識が再利用されます。

　例えば、「1360÷8」の計算式を見ると、一時的に短期記憶に入ります。数字の大きさの概念や、割り算の仕方については知識として長期記憶に保管されています。「1360÷8」の計算式を見ると、知識が取り出され、「1360÷8」の計算を行います。「170」という答えがでると、しばらくして「1360÷8」も「170」も記憶からなくなってしまいます。

　短期記憶と長期記憶の特徴を整理すると以下のようになります。

● 短期記憶と長期記憶

	短期記憶	長期記憶
特徴	一時的、短期的に保持される記憶	短期記憶にいったん保持され、次第に定着（知識・引き出し）
記憶できる量	マジカルナンバー7 （7±2個）	無限
記憶できる時間	20秒前後（リハーサルで延長）	半永久的
再利用	再利用できない	再利用できる

箇条書きの項目の数は、マジカルナンバー7を参考に決める

　箇条書きの項目数が多くなった場合は、短期記憶の特徴（マジカルナンバー7）を参考にして、項目の数を「7±2」にしましょう。マジカルナンバー7とは、アメリカの認知心理学者ジョージ・ミラーが1956年に提唱した理論です。**人が短期的に記憶できる情報の数は、「7±2」、つまり5個〜9個の間であると理**

解しましょう。この数値は、数々の実験から導かれたデータです。項目の数を決めるときの目安になります。

例1 原文

当店のレジ前の棚には、ボールペン、蛍光ペン、付箋、ノート、ファイル、修正テープ、マウス、キーボード、インクカートリッジ、PCケーブル、CD-Rが並んでいます。

例1 改善後

当店のレジ前の棚には、以下のグッズが並んでいます。
- ボールペン
- 蛍光ペン
- 付箋
- ノート
- ファイル
- 修正テープ
- マウス
- キーボード
- インクカートリッジ
- PCケーブル
- CD-R

箇条書きを使ったことによって、見やすく、わかりやすい表現になっています。ただし、項目の数が多すぎるという点で、ややわかりにくくなっています。項目の数はいくつまでと決まっているわけではありませんが、マジカルナンバー7を目安と考えると、以下のように修正したほうが理解しやすくなります。

3

〜ロジカルライティング〜
コンテンツマーケティング時代の文章術

135

例1 再改善後

当店のレジ前の棚には、以下のグッズが並んでいます。

■文具
- ボールペン
- 蛍光ペン
- 付箋
- ノート
- ファイル
- 修正テープ

■PC用品
- マウス
- キーボード
- インクカートリッジ
- PCケーブル
- CD-R

「文具」というカテゴリで項目が6つ、「PC用品」というカテゴリで項目が5つに整理できました。**箇条書きの階層を2階層にする**ことによって、より見やすく、わかりやすくなりました。

「7±2」はあくまでも目安です。学生向けなど年齢が若い人向けの文章の場合、記述する項目数を9個またはそれ以上多くしても問題ないかもしれません。逆に、シニア向けの文章の場合には、5個またはそれ以下に抑えたほうが良いかもしれません。マジカルナンバー7を目安に、臨機応変に対応してください。

　箇条書きで整理された文章は、図表化することによって、さらにわかりやすく表現することができます。

例1 図表化した場合／再改善後

当店のレジ前の棚には、以下のグッズが並んでいます。

文　具	PC用品
• ボールペン • 蛍光ペン • 付箋 • ノート • ファイル • 修正テープ	• マウス • キーボード • インクカートリッジ • PCケーブル • CD-R

箇条書きの記号のルール

　箇条書きの記号としてどの記号を使うかについて、これが良いというルールはありません。Webサイトごと、ブランドごと、企業のルールとして、どの記号を使うのかあらかじめ決めておきましょう。文章中で箇条書きを使う際は、中点（・）やハイフン（－）がよく使われています。

　同一のWebサイトでは、同一の記号を使ったほうが統一感を出すことができます。例えば、箇条書きの記号として中点「・」を使うと決めたら、そのまま最後まで同じ記号を使っていきます。

　黒塗りの記号（● ■ ◆など）は、白抜きの記号（○ □ ◇など）よりも目立ちます。箇条書きを階層化する際は、上位の階層に目立つ記号を付け、下位の階層には、上位よりも目立たない記号を付けるのが一般的です。

　前述の文具の例では、上位の階層に「■」、下位の階層に「・」を使っていますので参考にしてください。

　どんな記号があるかは、Word等を参考にすると良いでしょう。

● Wordの行頭文字ライブラリ

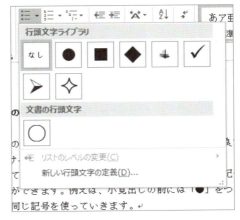

3 〜コンテンツマーケティング時代の文章術〜ロジカルライティング〜

● Wordの番号ライブラリ

1 短期記憶と長期記憶の特徴を理解しよう
2 マジカルナンバー7±2の法則を使って、項目数を考えよう
3 必要に応じて、箇条書きを階層化しよう
4 箇条書きを使うと、情報を図表化しやすくなる
5 箇条書きの記号は、あらかじめルールを決めておこう

成功法則 28 数字を入れて、インパクトのある文章を書く

Webライティングにおいて、数字の役割は重要です。ぼんやりと感覚に訴える文章が、数字を書き入れることで、急速に焦点が合うようになります。数字を入れることは、具体的でリアリティーのある文章を書く近道です。

| 集客アップ | ★★★☆☆ | 成約アップ | ★★★★☆ | コンテンツ改善 | ★★★★★ |

数字の役割

　数字を書くことで文章が具体的になります。例えば、ネットショッピングで何かを買ったときに「商品はすぐに発送します」と書いてあっても、いつ発送されるのかは不明です。「すぐに」を2〜3日と想像する人もいますし、即日発送を期待する人もいるでしょう。

　「たくさん入っています」という表現を読んで、「10個でもたくさん」と考える人と、「10,000個をたくさん」と想定する人もいます。

　「すぐに」や「たくさん」という表記は、読者によって「解釈が異なってしまう」という問題があるのです。数字を入れることによって「誰が読んでも同じ解釈ができる文」を目指しましょう。

例1 原文

> このセミナーでは、コンテンツマーケティングで成功した事例を多数ご紹介します。

「多数」という書き方があいまいです。

例1 改善後

> このセミナーでは、コンテンツマーケティングで成功した事例を7つご紹介します。

「7つ」と書くことによって「人によってとらえ方が異なる」ということがなくなります。誰が読んでも「7つの事例」です。数字を入れることによって、次のような効果を出すことができます。

- 誰が読んでも解釈は1通りになり、誤解を防ぐことができる
- 数字を入れることで、リアリティー（信憑性）が出る
- 具体的で印象的な表現になる（7つという数字の表記が目にとまるようになる）

数字に置き換えられる表現とは？

　文章中のあいまいな表現を探し、数字を入れられるところには積極的に入れていきましょう。数字に置き換えられる表現には、以下のようなものがあります。

例

多い、少ない→100個、10万人
はやい、おそい→時速80キロで、24時間以内に
重い、軽い→重さ10キログラム、2トン
高い、低い→高さ50メートル、高さ3センチメートル
高価、安価→200万円、60円
広い、狭い→10万平方メートル、1坪

　他にもたくさんの表現を数字に置き換えることができますので、探してみましょう。

数字の大きさをわかりやすく伝えるテクニック

　数字だけではピンとこない場合は、イメージしやすい具体例を合わせて記述します。「ネジの重さは1グラムです」だけでは、そのネジの軽さがピンとこなかったとしても、「1円玉と同じ重さで、1グラムです」と書けば軽さが伝わりやすくなります。さらに例文を見てみましょう。

例2 原文

開発中のショッピングセンターの広さは10万平方メートルです。

「10万平方メートル」という数字が大きすぎて想像できません。数字を入れることによって具体的になりましたが、**読者が「ピンとくる表現」**にするためにはもう1文追加すると良いでしょう。

例2 改善後

> 開発中のショッピングセンターの広さは10万平方メートルです。東京ドーム2個分の大きさに相当します。

「東京ドーム」というわかりやすい比較対象を出したことによって、イメージしやすくなりました。**数字と比較対象を合わせて表記**することによって、数字の大きさがより伝わりやすくなります。

● 数字と比較対象で伝える

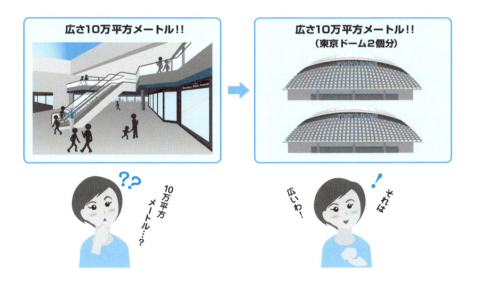

数字を大きく見せる、小さく見せるちょっとしたコツ

　数字を入れると事実を具体的に伝えることができます。ただし、その数字が大きいのか小さいのかは、読み手の感覚にゆだねられることになります。

例3 原文

このTシャツは980円です。

　980円という事実を述べていますが、このTシャツが高いのか安いのかは読者によって受け取り方が異なってきます。

例3 改善後

このTシャツはたったの980円です。
（または）
このTシャツはなんと980円です。

　「たったの」や「なんと」を付け加えることによって、安さを強調することができます。数字を大きく見せたいか、小さく見せたいかによって、文中にちょっとした表現を書き加えるテクニックです。

1 文章中のあいまいな表現を探し、数字に置き換えよう
2 数字の入った文は読者の誤解を防ぎ、リアリティーが出る
3 よりわかりやすく伝えるためには、数字をイメージしやすい比較対象を入れると効果的（記憶に残る文章になる）
4 数字を大きく見せたいか、小さく見せたいかを考え「ちょっとした表現」を書き加えよう

<table>
<tr><td>成功法則
29</td><td>**「普通名詞」や「固有名詞」を
入れて説得力のある文を書く**</td></tr>
</table>

漠然とした表現、一般論だけを書いた文章は、読者に「スルー」されてしまいます。読者の目にとまるようにするためには、漠然とした表現をより具体的な表現に変えていく必要があります。文章に入れる「名詞」の使い方を工夫するだけでも、具体的で説得力のある文章が書けるようになります。

集客アップ	★★★★★	成約アップ	★★★☆☆	コンテンツ改善	★★★★★

「普通名詞」と「固有名詞」の違い

　文章のなかに入れる**名詞をできるだけ具体的に書くことによって、説得力を高める**ことができます。名詞には大きく分けて普通名詞と固有名詞があります。普通名詞とは「犬」「電車」「学問」「文房具」「冷蔵庫」のようなごく一般的な名称のことです。固有名詞とは、「福田多美子」などの人の名前、「横浜」などの地名、「スカイツリー」のような建物の名称のように、唯一存在する固有の名称のことです。次の例文を読んでみてください。

例1 原文

私はこれまでにたくさんの動物を飼っていたことがあります。

「動物」は普通名詞ですが、漠然としています。犬なのか、猫なのか、その他の動物なのか、範囲が広いです。そこで、もっと**具体的な普通名詞に修正**してみましょう。

例1 改善後

私はこれまでに犬、猫、亀を飼っていたことがあります。

「動物」も「犬」「猫」「亀」も普通名詞ですが、動物の種類が特定されたので具体的になってきました。「ほんとうに動物を飼っていた」ということにリアリティー（信ぴょう性）がうまれました。
　さらに固有名詞に変えてみましょう。

3

〜コンテンツマーケティング時代の文章術
ロジカルライティング〜

143

例2 原文

> 私は動物が好きです。これまでに「コロ」という名前の犬、「タマ」という猫、「エリー」と「トム」という2匹の亀を飼っていたことがあります。

　動物に名前が付くと、それ以外に存在がない「固有名詞」になります。より具体的になり、リアリティーも高くなります。

　このように**名詞を使うときは、「より具体的な名詞はないか」「さらに固有名詞を入れられないか」**と考えてみてください。普通名詞を入れる場合でも、読者にとってより**特定しやすくてイメージしやすい普通名詞**を入れましょう。**普通名詞から固有名詞に変えられれば、さらに具体的で説得力の高い文章**になります。

代名詞の使い方に注意

　名詞には普通名詞と固有名詞の他に「代名詞」もあります。代名詞とは、「私」「あなた」「彼」「彼女」「彼ら」「それ」「それら」のようなものです。

　代名詞はいろいろな名詞を置き換えて使われています。本来なら、代名詞が示す「名詞」が存在するはずなので、Webライティングにおいては代名詞を使わずに「名詞」を表記するようにしましょう。読者は代名詞だけを見ても意味がわからないため、代名詞の前後を読んで、代名詞が指し示す名詞を特定しなければ理解ができません。代名詞よりも、名詞で書いたほうがわかりやすい文章になるのです。

　また、**SEO的な観点で考えても、代名詞よりも普通名詞、さらに固有名詞で表記したほうがSEO的に有利になります。名詞（キーワード）の出現頻度が多くな**るからです。

例3 原文

> 外国人に人気の観光スポットに富士山があります。それは、日本でいちばん高い山です。

　「それは」が代名詞です。読者は文章全体を読まないと「それ」が「富士山」を指すということを理解できません。「それは」と代名詞を使わずに「富士山」という固有名詞を使いましょう。

例3 改善後

外国人に人気の観光スポットに富士山があります。富士山は、日本でいちばん高い山です。

　改善例の文には、「富士山」が2回書かれています。キーワードの出現頻度が多くなり、SEO的にも有利になりました。**小説のような文章の場合は、「代名詞」を使って文章を情緒的に見せたり、読者に考えさせたり**といったことが必要かもしれませんが、Webライティングでは**「わかりやすさ」や「SEO」を優先して、代名詞を極力使用しない**ほうが良いのです。

固有名詞を入れるときの注意

　固有名詞を入れるときは、正しい表記かどうかを必ずチェックしましょう。例えば会社名を入れるとき、「株式会社」が前に付くのか、後ろに付くのかは要チェックです。個人の氏名なども必ず確認を行ってから記載しましょう。

例 固有名詞を入れるときの注意

× グリーゼ株式会社
○ 株式会社グリーゼ

× JR御茶の水駅
○ JR御茶ノ水駅

× facebook
○ Facebook

× amazon
○ Amazon

× iphone
○ iPhone

⚠ 略語は元の言葉も合わせて書く

　文章中に略語を書くときは、略語といっしょに元の言葉も書くようにしましょう。

例4 原文

> 初めてスマホをもつ子どもに伝えたいことは、以下の3点です。

「スマホ」という書き方でも伝わりますが、正しい表記（スマートフォン）もあわせて表記しておきましょう。ビジネス文書では、以下のような書き方が一般的です。

例4 改善後

> 初めてスマートフォン（以降、スマホという）をもつ子どもに伝えたいことは、以下の3点です。

　この改善例の場合ビジネス文書としての書き方なので、やや堅苦しく感じるかもしれません。Webサイト等においては以下のような表記で、略語と正式名称を掲載する方法もあります。

例4 再改善後

> 初めてスマホ（スマートフォン）をもつ子どもに伝えたいことは、以下の3点です。

「スマホ」と正式名称の「スマートフォン」を掲載することによって、文書としての信頼度が高まります。また**SEO的にも「スマホ」と「スマートフォン」という2種類の表記でヒットしやすくなります。**

⚠ 英単語の略語

　英単語の略語を書く場合も、略語と正式名称を書くようにしましょう。

例5 原文

> SEOについて説明します。

例5 改善後

> SEO（Search Engine Optimization）について説明します。

または以下のような書き方もあります。

例5 再改善後

> SEOについて説明します。SEOとは、Search Engine Optimizationの略です。

2つの文に分けて、略語と正式名称を表記しています。

例5 再改善後

> SEO^注について説明します。
> 注）SEOとは、Search Engine Optimizationの略です。
> （または）
> SEO[※]について説明します。
> ※ SEOとは、Search Engine Optimizationの略です。

注釈をつけて、略語と正式名称を表記しています。

1. 「一般名詞」を使うときは読者がイメージしやすい「一般名詞」を使おう
2. 「一般名詞」よりも「固有名詞」の方が具体的でリアリティーのある表現になる
3. 代名詞はなるべく使わずに、「一般名詞」「固有名詞」に置き換えよう
4. 「固有名詞」を使うときは、正しい表記がどうかチェックしよう
5. 略語を使うときは、正式名称も近くに記述しよう

成功法則 30 「会話」や「お客様の声」を入れて臨場感を出す

第三者の言葉は売り手の言葉よりも真実味があります。積極的に利用しましょう。かぎ括弧を使って会話のような表記をすると、文章に「臨場感」も生まれます。

集客アップ	★★☆☆☆	成約アップ	★★★★☆	コンテンツ改善	★★★★★

第三者の発言は、会話形式で表記して臨場感を出す

説得力のある文を書くためには、**人の意見、感想をそのまま掲載する**方法も効果的です。例文を見てください。

例1 原文

> 多くの人が新商品のイヤホンについて、良い感想を述べています。

事実を淡々と述べているだけの文には具体性がなく、説得力がありません。以下の改善例では、第三者の発言を入れてみました。

例1 改善後

> 多くの人が新商品のイヤホンについて、低音が響く、クリアに聞こえる、耳にフィットするなどの感想を述べています。

第三者が述べた「イヤホンの良さ」が書き加えられたことによって、具体的な文になりました。ただし、第三者の声が文のなかに埋もれてしまっているという欠点があります。第三者の声をそのままの形で掲載すると、次のようになります。

例1 再改善後

> 多くの人が新商品のイヤホンについて、以下のような感想を述べています。
> 「以前のイヤホンに比べて、低音が響くのがうれしいです」
> 「クリアに聞こえるので、クラシック音楽を聴くのに適していると感じます」
> 「以前のイヤホンは長時間使っていると耳が痛くなったのですが、新しいイヤホンは耳にフィットする感じが好きです」

148

再改善例では、**第三者の発言を会話文の形式で、かぎ括弧を付けて掲載**しています。かぎ括弧を使うことで、会話形式に見えます。会話文を入れると具体的で説得力のある文章になるだけではなく、**文章に臨場感**も生まれます。臨場感とは、その場に自分の身を置いているかのような感覚のことです。「　」を使って発言を入れることによって**リアリティーが生まれ、その場の雰囲気まで伝えて**くれるようになります。

　Webサイトでは、多くの「お客様の声」「レビュー」などが掲載されています。作り手や売り手が「良い商品です」というよりも、第三者の具体的な発言の方がリアリティーがあり、迷っている人の背中を押す力を発揮します。

お客様の声の掲載方法

　第三者の声、お客様の声は、書いてある内容にリアリティーをもたせるために効果的です。多くの人に読まれるように、掲載方法も工夫しましょう。

●「お客様の声」の掲載方法

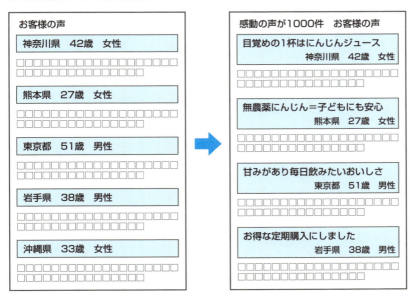

　図中の左側の掲載方法はお客様の声を単純に並べただけです。見出しには「神奈川県　42歳　女性」などとお客様のプロフィールが書いてあるだけとなっています。

右側の掲載方法は「神奈川県　42歳　女性」が小さい表記に変わり、「目覚めの1杯はニンジンジュース」「無農薬人参＝子どもにも安心」などとキャッチーな見出しが載っています。
　右と左、どちらのページが魅力的ですか？
　「お客様の声」のページに来た読者は「商品に対してどんな感想が書いてあるのかな？」「読む価値がある声はどれかな？」という気持ちでWebサイトを見ています。「神奈川県　42歳　女性」の感想だから読むわけではなく、**自分にとって関係ありそうな声を選んで読みたい**と思っているのです。

　お客様の声を掲載するときは、**お客様の声ごとにちょっとした小見出し、キャッチコピーを付けて**あげると親切です。読者が**どの声を読むかという判断**もできますし、引き付けるキャッチコピーが付けられれば、より多くの「お客様の声」を読んでもらえます。

1. 第三者の発言を入れて、説得力のある文章を書こう
2. 第三者の声、お客様の声を掲載するときはかぎ括弧を使って臨場感を出そう
3. お客様の声にはキャッチコピーを付けて掲載しよう

成功法則 31 漢字、ひらがな、カタカナの使い方

日本語には「漢字、ひらがな、カタカナ」という表記があります。Webサイトで使い分ける際は「それぞれの表記の印象の違い」と「SEO的な観点」の両面から考えて、どの表記で書くか決めましょう。

集客アップ	★★★★★	成約アップ	★★★☆☆	コンテンツ改善	★★★★★

「漢字、ひらがな、カタカナ」の印象の違い

日本語では同じ言葉を伝えたいとき、「漢字、ひらがな、カタカナ」の表記を使うことができます。

鞄	かばん	カバン
靴	くつ	クツ
犬	いぬ	イヌ

「漢字、ひらがな、カタカナ」には、「印象の違い」によって以下のようなメリット、デメリットがあります。

● 「漢字、ひらがな、カタカナ」のメリット・デメリット

	漢字	ひらがな	カタカナ
メリット	・同時に意味を伝える（覚えやすい） ・きちんとした印象	・きちんとした印象 ・読みやすい	・新しい、斬新 ・カッコイイ ・シャープな印象
デメリット	・読めない可能性がある ・難しい印象 ・漢字が多いと圧迫感を与える	・幼い印象	・頭に入りにくい ・記憶に残りにくい

「漢字、ひらがな、カタカナ」の印象の違いを利用して、次のような使い分けも可能になります。

- 英国ブランド紳士向けの**鞄**が入荷
- お子さま向け「はじめての**かばん**」
- 20代女性向けオシャレ**カバン**特集

3
～ロジカルライティング～
コンテンツマーケティング時代の文章術

「漢字、ひらがな、カタカナ」のSEO的な観点での使い分け

「漢字、ひらがな、カタカナ」のどの表記を使おうかと迷ったときは、SEO的な観点での評価も忘れずに行ってください。SEOの観点で考えると、**多くの人が検索する表記を選ぶべき**です。「鞄、かばん、カバン」について、Googleの月間平均検索ボリュームを調べてみましょう。

月間平均検索ボリュームとは「そのキーワードが月にどのくらい検索されるか」という値です。詳しくは 成功法則07 を参照してください。

漢字、ひらがな、カタカナ表記の違い	月間平均検索ボリューム
鞄	12,000
かばん	9,900
カバン	33,100

かばんを検索する際には、**「カバン」とカタカナ表記で検索する人が最も多い**ことがわかります。SEO的に考えると、**Webサイトの表記を「カバン」と書いておいたほうが有利**になります。

ただしGoogleの検索エンジンでは、「鞄」と検索したからといって、「鞄」という表記が書いてあるWebサイトだけがヒットするわけではありません。「かばん」「カバン」の表記もヒットします。右の図は、「鞄」と検索したときの、検索結果の画面です。

●「鞄」の検索結果

Googleが「鞄、かばん、カバン」を「同じ意味である」と解釈していることがわかります。それどころか「鞄」と検索したときに「バッグ」のWebサイトもたくさんヒットしています。Googleが「鞄」と「バッグ」を類語のように解釈していることもわかります。

　Googleの検索エンジンは、年々日本語に詳しくなってきています。Googleのロボットは日本語の意味を解釈して、漢字、ひらがな、カタカナの表記が違っていても、**ユーザーが検索しているキーワードとマッチすれば**検索結果の上位に表示します。キーワードそのものが入っていないWebサイトでも、**ユーザーが検索したキーワードと関連性が高いと判断されれば、検索結果として表示される**こともあるのです。

1. 「漢字、ひらがな、カタカナ」のどの表記を使いうかは、「印象の違い」と「SEO的な観点」の両面でチェックしよう
2. 「漢字、ひらがな、カタカナ」の表記のもつメリット、デメリットを理解しよう
3. SEO的な観点では、月間平均検索ボリュームを参考にして「漢字、ひらがな、カタカナ」を使い分けよう
4. 「Googleの日本語解釈能力の高さ」を知っておこう

3 コンテンツマーケティング時代の文章術 〜ロジカルライティング〜

成功法則 32　単調な文に変化を与える

「〜だ。〜だ。〜だ。」「〜と思う。〜と思う。〜と思う。」「〜です。〜です。〜です」と同じ文末が続くと、単調な文章になってしまいます。単調な文章は読み手に退屈な印象を与えてしまいます。文末の表現を変えたり、時制を変えることによって、単調な文に変化を与えることができます。

集客アップ	★★☆☆☆	成約アップ	★★☆☆☆	コンテンツ改善	★★★★☆

体言止めを使って文末に変化を付ける

　文末に変化を付けるための簡単な方法として、「体言止め」があります。体言止めは、文末を体言（名詞）にする書き方です。もともとは詩や短歌で使われる技法ですが、一般の文章でも使うことができます。例文を見てください。

例1 原文

私は中学のころサッカー部に所属していました。2年生の後半からは部長になりました。3年生の夏の大会では、80名ほどの部員を率いて、群馬県の大会で優勝しました。

「ました。ました。ました」の連続で、単調な文末が続いています。1か所、体言止めを使ってみましょう。

例1 改善後

私は中学のころサッカー部に所属。2年生の後半からは部長になりました。3年生の夏の大会では、80名ほどの部員を率いて、群馬県の大会で優勝しました。

　体言止めを使うときは**「何か所で体言止めを使うか」**が課題となります。

例1 全文を体言止めにした例

私は中学のころサッカー部に所属。2年生の後半からは部長。3年生の夏の大会では、80名ほどの部員を率いて、群馬県の大会で優勝。

全文を体言止めに変更してしまうとメモのような感じを受け、投げやりな感じ、温かみのない文章になってしまいます。

⚠ 体言止めのメリット・デメリット

複数の文を書くときに一部で「体言止め」を使うと、文章に変化が生まれます。体言止めは、文中のどこで使ってもいいですが、入れ過ぎには要注意です。体言止めを入れ過ぎると、投げやりな感じ、冷たい印象を与えることもあります。

● 体言止めのメリット・デメリット

体言止めのメリット	体言止めのデメリット
• 文末に変化を与える • 文章にリズムを作る • 体言止めにした部分を強調できる	• 冷たい印象を与える • 投げやりな感じを与える • 丁寧さに欠ける印象を与えてしまう

文末の時制を変えて臨場感をアップ

文末を変化させる方法として「文末の時制を変える」方法もあります。日本語には、現在形（〜です）、過去形（〜でした）、未来形（〜でしょう）があります。

過去のできごとを過去形で書くのは、普通の文です。例文を見てみましょう。

例2 原文

200名を超える会場で、初めてのセミナー講師を務めた。緊張して、セミナーがはじまる2時間前から心臓の鼓動が高まった。壇上に立つと、手が震え、キーボードを正しくたたくことができなくなった。足の震えが激しくなり、よろめいた。セミナー時間の90分の間、なにをしゃべったか覚えていないくらいだった。

臨場感を出すために、**過去のことでも、あえて現在形で書いて**みましょう。過去形から現在形に、時制を変化させてみます。

3

〜ロジカルライティング〜 コンテンツマーケティング時代の文章術

155

> **例2 改善後**
>
> 200名を超える会場で、初めてのセミナー講師を務めた。緊張して、セミナーがはじまる2時間前から心臓の鼓動が高まる。壇上に立つと、手が震え、キーボードを正しくたたくことができない。足の震えが激しくなり、よろめく。セミナー時間の90分の間、なにをしゃべったか覚えていない。

改善後の文章では最初の1行のみが過去形で、それ以降の文章はすべて現在形で書いています。最初の1行が過去形なので、過去の出来事だということはわかります。それ以降の文章を現在形に変えることによって、**臨場感が高まり、気持ちが張り詰めたような緊張感が伝わってきます。**

1. 文末の表現がそろっていると、単調な文章に見える
2. 文末に変化を与える方法として、体言止めは効果的
3. 過去のことを現在形で書くと、臨場感、緊張感が伝わる

成功法則 33 ユーザーに好かれる ポジティブライティングで書く

人柄で「ポジティブな人」と「ネガティブな人」がいるように、文章にも「ポジティブな文」と「ネガティブな文」があります。インターネットを通じて情報発信する立場の方は、ポジティブライティングを心がけましょう。好印象につながります。

集客アップ	★★☆☆☆	成約アップ	★★★★☆	コンテンツ改善	★★★★☆

■ ポジティブライティングってなに？

Webライティングでは「ページの最後まで読んでもらうこと」がとても大事です。最後まで読んでもらうことは、購入ボタン、資料請求ボタンまで読み進めてもらうということにつながるからです。

「ネガティブな話を聞いていて、途中で嫌になってしまった」という経験はありませんか？ 文章も同じです。「ネガティブな表現を読んで気持ちが離れ、途中でWebページから離脱してしまった」ということが起こらないためにも、ポジティブな表現を心がけることが大事です。

ポジティブライティングとは、前向きで、積極的で、能動的な文章の書き方のことです。読者に「ポジティブな印象」を与える表現を習得しましょう。

⚠ 否定表現を避けた表現を考える

まずは例文を見てください。

> **例1 原文**
>
> 当社では、土日のメール対応は行っておりません。

「正しく、わかりやすく、簡潔な表現か？」という観点で見れば、問題のない文です。取扱説明書やマニュアルのような技術文書の場合は、回りくどい表現をせずに、上記の例文のように簡潔な文を書くほうが良いです。

ただし、インターネット上でさまざまな読者がいることを想定すると、どうでしょうか？ **否定表現を使うと読者にネガティブな印象を与えます。**ぴしゃりと否定されると、読者には「嫌な気持ち」が残るものです。

3

〜コンテンツマーケティング時代の文章術
〜ロジカルライティング〜

157

否定表現を使わずに、肯定表現を使った文章を考えてみましょう。

例1 改善後

当社では、平日10時から18時までメール対応を行っております。
平日の18時以降、及び土日に受け付けたメールについては、翌営業日10時からの対応となります。

改善後の文面の方が、具体的、積極的、ポジティブな表現になりました。

⚠ 2重否定を使わない

2重否定とは、否定したことをもう一度否定するという文のことです。例文を見てください。

例2 原文

資料は、納期に間に合わないわけではありません。

1つの文のなかに「間に合わない」と「ありません」という2つの否定表現が含まれています。「結局どっち？」と言いたくなるような、まわりくどい表現になっています。

例2 改善後

資料は、納期に間に合うでしょう。
（または）
資料は、納期に間に合います。

このように言い切ったほうがい好印象です。
「言い切ってしまうのは不安」という場合は、言い切った後に、「ただし、●●が条件になります」と加えてもOKです。

例2 再改善後

資料は、納期に間に合います。ただし、質問事項の回答が本日13時までにすべてそろうことが条件です。

158

⚠ 誤解を生む「〜のように〜ない」

否定表現を「〜ように」と組み合わせて使うと、「誤解を生む文」「読者を混乱させる文」になってしまいます。例文を見てください。

例3 原文

> 新製品Aは、旧製品Bのように処理スピードが遅くない。

この文は、2通りに解釈できてしまいます。

例3 解釈1

> 旧製品Bは処理スピードが遅かった。しかし新製品Aは、Bと違って処理スピードは遅くない。つまりAは処理スピードが速い。

例3 解釈2

> 新製品Aは、旧製品Bと同様に処理スピードが遅くない。つまりAもBも、処理スピードが速い。

いかがですか? 頭がこんがらがってしまっている方は、次の例文も読んでみてください。

例4 原文

> 山田さんは、竹下さんのように優しくない。

例4 解釈1

> 竹下さんは優しい。でも山田さんは、竹下さんと違って優しくない。つまり山田さんはいじわる。

例4 解釈2

> 山田さんは、竹下さん同様に優しくない。つまり、二人とも優しくない(いじわる)。

3

〜ロジカルライティング〜
コンテンツマーケティング時代の文章術

159

文を書いていて「〜のように〜ない」と書いてしまった場合、自分が「こういうつもりで書いた」という意図があったとしても、正しく伝わらない危険性があります。**「〜のように〜ない」という表現は、一切使用しないほうが良いです。**

否定表現、2重否定の使い道

　ポジティブライティングという観点で考えると、否定表現も、2重否定も使用しないほうが良いでしょう。ただし、場合によっては、否定表現を使うべきケースもあります。

例5

> 触らないでください。高速カッターなので、危険です。

　例文のように、**危険、注意、禁止などを伝える文章の場合、きっぱりと否定してあげることが重要です。**また、次のようなケースでも、2重否定の使い道はあります。

例6

> 父は、私の起業を応援してくれないというわけではありませんでした。

　「私の起業物語」のようなストーリー性のある文章のなかでは、このような回りくどい表現のほうが「父の気持ち」「父の苦悩」を強く印象付けることができます。「応援したいけど、応援できない何か理由があるのだろうか」と読者に想像させる効果があります。
　否定表現は、基本的には使用しないほうが良いですが、**ケースバイケースで効果的に使用**することもできます。

受動態を使わない

　ポジティブな文章を書くために、受動態よりも能動態を使うようにしましょう。次の例文は、受動態の文です。

例7 原文

当社では、食品事業からの撤退が決められた。

　日本人独特の感性なのかもしれませんが、私たちは、ふんわりした表現を好みます。この例文の場合も「決めた」のは当社、つまり「書き手自身」なので、もっと積極的に書いてください。**受動態は、能動態に変更することによって、ポジティブライティングが実現できます。**

例7 改善後

当社は、食品事業からの撤退を決めた。

　改善後の文章の方が、積極的でポジティブな表現になります。受動態の文を見つけたら、能動態に修正できないかな？　と考える癖をつけるようにしましょう。

1. 読者に好印象を与える「ポジティブライティング」を心がけよう
2. 否定表現は使用しない。できるだけ肯定表現に修正しよう
3. 否定表現、2重否定は効果的に使える場所もある
4. 受動態は、能動態に修正しよう

成功法則 34　主観と客観を書き分ける

文章には「主観」で書く場合と「客観」で書く場合があります。どちらにもメリット・デメリットがあります。主観、客観を正しく理解して、書き分けましょう。主観で書くと親近感のある文章になり、客観で書くと説得力の高い文章が書けます。

| 集客アップ | ★★☆☆☆ | 成約アップ | ★★★☆☆ | コンテンツ改善 | ★★★★★ |

主観的な文章と客観的な文章との違い

主観的な文章と客観的な文章には、次のような違いがあります。

主観的な文章

書き手（私）の感情、考え方、意見、感想を述べた文章。日記、手紙、感想文などは主観的な文章の代表的なものです。

客観的な文章

一般的な価値観、すでに知られている過去の事実、通説、科学的データ、統計データなどから述べられた文章。新聞、レポートなどは、客観的な文章の代表的なものです。

例1　主観的な文

> このケーキはおいしい

「このケーキはおいしい」という表現は、書き手の個人的な意見（主観）です。書き手が「おいしい」と感じただけです。このケーキがほんとうにおいしいかどうかは、個人によって差がありそうです。

例1　客観的な文

> このケーキは当店でリピート率80パーセントのケーキです。

「リピート率80%」という表現は書き手の個人的な意見ではなく、事実（客観）です。「おいしいかどうかは食べてみないとわからない」という点は、確かにその通りですが「おいしくなければお客様はリピートしないはずなので、リピート率80%ということは、かなりおいしいのではないか？」と想像できます。**客観的な文は、主観的な文に比べて説得力が高くなる**という効果があります。

主観と客観を書き分ける

Webサイトでは、**ページや目的に応じて、主観的な文章と客観的な文章を書き分けることが大事**です。例えばブログのコーナーでは、個人的なことを書くことによって、書き手の考え方や個人的な主張、想いを伝えることを目的としているケースも多いです。

それに対して、操作手順を伝えるページでは、個人の「ここが難しい」「楽しい」などの感情（主観）を書く必要はありません。操作手順のページは「読者が正しく操作できる」ことが目的なので、感情など入れずに、淡々と操作手順の事実だけを語っていけば良いのです。

コラムなどでは、主観と客観を織り交ぜて書くこともあります。主観的な文章ばかりになってしまうと、個人の日記のような仕上がりになってしまいます。逆に客観的な表現ばかりになると、無愛想で理屈っぽく、家電の取扱説明書のような文章になってしまいます。

主観と客観を織り交ぜることによって、説得力があり、書き手の体温を感じられる文章に仕上げることができます。

> **例2** **主観だけで書いた文章／原文**
>
> 私はピーマンが嫌いです。子どものころから苦手でした。私の友だちもみんな給食に出るピーマンをはじいていたような記憶があります。
>
> ピーマンを使った料理では、工夫が必要だと思います。

この文章はすべてが主観で書かれています。書き手の主張は「ピーマンを使った料理では、工夫が必要だと思います」ということですが、この文章を読んだ人の何割の人が納得してくれるかは疑問です。多くの人に「ピーマンを使った料理では、工夫が必要だと思います」という書き手の主張を納得してもらうためには、**客観的な文章を付け加えると効果的**です。

3 ～ロジカルライティング～ コンテンツマーケティング時代の文章術

例2 主観と客観を織り交ぜた文章（その①）／改善後

すべてのママのための情報サイト「Genki Mama」が300人のママたちに行ったアンケートによると、「子どもの嫌いな食べ物ランキング」の第1位がピーマンです。第3位のナス、第2位のニンジンをおさえて、ピーマンが嫌いという子どもが最も多いというアンケート結果になっています。

ピーマンを使った料理では、工夫が必要だと思います。

参考：Genki Mamaサイトのアンケート（http://genki-mama.com/articles/66vjL）

　アンケート結果は、客観的な事実です。書き手の主張は「ピーマンを使った料理では、工夫が必要だと思います」ですが、客観的な内容が書かれたことによって、**主張に対する説得力が高まっています。**

　「主観だけで書いた文章」は自分の主張（ピーマンを使った料理では、工夫が必要だと思います）を訴えるために、主観を冒頭に書いています。「主観と客観を織り交ぜた文章（その①）」では、自分の主張を訴えるために、客観的なアンケート結果を冒頭に書いています。**どちらが主張を訴えるために説得力があるかと考えると、客観を織り交ぜた文章の方が良い**ということになります。

　ただ、「主観と客観を織り交ぜた文章（その①）」は、書き手の主観が主張の部分だけと少なすぎて、やや無機質に感じられるかもしれません。書き手の主観をもう少し加え、無機質な文章に温かみを加えた例が、以下です。

例2 主観と客観を織り交ぜた文章（その②）／再改善後

すべてのママのための情報サイト「Genki Mama」が300人のママたちに行ったアンケートによると、「子どもの嫌いな食べ物ランキング」の第1位がピーマンです。第3位のナス、第2位のニンジンをおさえて、ピーマンが嫌いという子どもが最も多いというアンケート結果になっています。

実は私もピーマンが嫌いです。子どものころから苦手でした。私の友だちもみんな給食に出るピーマンをはじいていたような記憶があります。

ピーマンを使った料理では、工夫が必要だと思います。

参考：Genki Mamaサイトのアンケート（http://genki-mama.com/articles/66vjL）

「主観と客観を織り交ぜた文章（その①）」に比べると、親近感がある文章になりました。その①とその②はどちらが良いということはありませんが、**主観と客観の織り交ぜ方によって、読者への伝わり方が変わってくる**ということを覚えておいてください。

⚠ 主観と客観を織り交ぜるときの注意点

主観的な文章と客観的な文書を織り交ぜて書くときには、読者が読んだときに**「これは書き手の主観なのか、それとも客観的な事実なのか」**がわかるように書きましょう。書き手の側で「これは私（書き手）の主観です」「ここは客観的なことです」と意識しながら書くことが大事です。

主観的な文章を書くときには「私は〜と思う」「私は〜と考えている」などと書きます。主語を明記することと、文末を「主観らしく書く」ことがポイントです。

客観的な文章は、出典元を明記するとより客観性が高まります。「〜によると」という表現を入れて、出典元のデータも書き込むと良いでしょう。

主観を客観に修正するテクニック

主観的な表現を避け、客観的な表現を多く取り入れることによって、文章としての説得力が高まります。ちょっとした「主観」を取り除き、客観的なデータ（数字や名詞）を入れるようにしましょう。主観を客観に修正したいときは、文章中の**「主観的な表現」を見つける**ことから始めます。主観的な表現を見つけたら、**事実、名詞、データに置き換えられないか**と考えます。インターネット等を使ってリサーチ、情報収集を行い、客観的な表現に修正するようにしましょう。

例3 主観／原文

利根川はすごく長いので、いろんな魚が生息していると思います。

例3 客観／改善後

利根川は322キロメートルと、日本で2番目に長い川です。国土交通省のホームページには「利根川には、イワナ、アユ、コイ、フナ、ドジョウなど43種類の魚類が生息している」と書いてありました。

主観の文では「すごく長い」「いろんな魚」という表記が書き手の主観です。客観の文では客観的な事実やデータが書き込まれ、説得力の高い文章になっていま

す。

例4 主観／原文

新型のラジコンカーは、すごくはやく走ることができます。

例4 客観／改善後

新型のラジコンカーは、時速120キロで走ることができます。旧型のラジコンカーが時速90キロだったので、30キロもスピードアップしています。

「すごくはやい」は、書き手の主観です。はやいと感じるかどうかは、人によって、さまざまです。「時速120キロ」は事実（客観）です。実際に計測したデータなので、誰が読んでも事実と捉えることができます。旧型のラジコンカーとの比較を書くことによって、誰もが「はやくなった」と納得できる文章になっています。

1. 主観的な文章と客観的な文章との違いを理解しよう
2. Webサイトの文章は、目的に応じて主観で書くか、客観で書くかを決めよう
3. 親しみを伝える主観的表現と、説得力が高まる客観的表現をバランスよく織り交ぜよう
4. 主観を客観に修正するテクニックをマスターしよう

成功法則 35 品格のある文章を書く

どんなに素晴らしいことが書かれていても、言葉の使い方や表現の仕方が悪いと、読者に「嫌な印象」を与えてしまいます。ちょっとした言葉遣いの誤りによって、いままで培ってきた企業のブランドイメージを傷つけてしまう危険性もあります。Webサイトとしての品格を保つためには、言葉の使い方に注意する必要があります。

集客アップ	★★☆☆☆	成約アップ	★★★☆☆	コンテンツ改善	★★★★★

「話し言葉」と「書き言葉」を使い分ける

日本語には「話し言葉」と「書き言葉」があります。話し言葉は口語と呼ばれます。書き言葉は公用文書に使う言葉であり、「文語」と呼ばれます。

近年は、**メールやSNS等の利用によって「話し言葉のまま、文章を書く」という機会**が増えてきました。個人のブログ等でも「書き言葉」ではなく「話し言葉」で書かれていたり、「話し言葉と書き言葉が混ざっているケース」もあります。

企業のWebサイト等では、「話し言葉」と「書き言葉」を正しく使い分けましょう。企業のオフィシャルな文章が「話し言葉」で書かれていると、企業の信頼度にも影響を与えます。

例1 原文

> うちの会社では、新商品に関して、いろんな資料を作成しています。

「うちの会社」「いろんな」などは「話し言葉」です。企業の公式サイト等で書く文章としては、ふさわしくありません。以下のように修正しましょう。

例1 修正後

> 当社では、新商品に関して、さまざまな資料を作成しています。

3
~ロジカルライティング~
コンテンツマーケティング時代の文章術

167

⚠ 「話し言葉の許容範囲」は媒体ごとに決める

企業のWebサイトだからといって、必ずしも**「話し言葉が100%NGである」**と決める必要はありません。どこまで**「話し言葉」を許容するかは、Webサイトごとに、または媒体ごとに決める**と良いでしょう。

例えば、FacebookやTwitter等のSNSの場合は、**書き言葉で書くと堅苦しくなってしまいます。話し言葉で書いたほうが、読者とのコミュニケーションを取りやすくなる**場合もあります。**円滑なコミュニケーションを行い、読者との距離を縮める**目的で「FacebookやTwitterは、話し言葉で書く」というルールも効果的です。

企業サイトでも「ブログならここまでOK」「メールマガジンではここまでOK」「FacebookやTwitterではここまでOK」など、**媒体によっても使い分けましょう。**

代表的な「話し言葉」と「書き言葉」は表のとおりです。

● 「話し言葉」と「書き言葉」

話し言葉	書き言葉
今	現在
このごろ	近年、最近
ぜんぜん	まったく
たぶん	おそらく
どんどん	急速に
こっち	こちら
こんなに	これほど
でも	しかし、だが
いろんな	いろいろな、さまざまな
どうして	なぜ
どっち	どちら
やっぱり	やはり

▌敬語の使い方

日本語には尊敬語、謙譲語、丁寧語があります。正しく使い分けることによって、Webサイト等の品格を保ちましょう。

● 尊敬語、謙譲語、丁寧語

	尊敬語	謙譲語	丁寧語
使い方の違い	相手を敬って、相手を立てるときに使います。相手に敬意を表す表現です。	自分をへりくだるときに使います。自分がへりくだることによって、相手を立てる効果があります。	相手に関わらず、表現を丁寧にしたいときに使います。基本的には「です」「ます」「ございます」を付けます。
言う	おっしゃる	申す	言います
食べる	召し上がる	いただく	食べます
行く	いらっしゃる おいでになる	うかがう 参る	行きます
見る	ご覧になる	拝見する	見ます
する	なさる される	いたす	します

⚠ 二重敬語に要注意

　敬語をうまく使って失礼のない文章を書こうとするあまり、必要以上に敬語を使いすぎてしまうケースがあります。

例2 原文

> 明日の説明会の持ち物について、担当スタッフにお聞きになられましたか？

「お聞きになられましたか？」の「お聞き」の部分と、「なられる」の部分が二重敬語になっています。「お聞きになりましたか」または「聞かれましたか」と書けば十分です。

例2 修正後

> 明日の説明会の持ち物について、担当スタッフにお聞きになりましたか？
> （または）
> 明日の説明会の持ち物について、担当スタッフに聞かれましたか？

差別用語、不適切な表現を使わない

　差別用語とは、国籍、人種、性別、職業、宗教などに対して、**否定的に表現する言葉**のことです。人が読んで不愉快に感じる言葉も含めて、不適切と思われる表現に注意しましょう。

169

Webサイトで差別用語や不適切な表現を使ってしまうと、Webサイトとしての品格を疑われてしまいます。以下のような言葉に注意しましょう。

● 注意したい用語や表現（例）

差別用語、不適切な表現	好ましい表現
百姓	農家の人
床屋	理髪師
看護婦	看護師
父兄	保護者
めくら	目の不自由な人
びっこ	足の不自由な人、足の悪い人

1 「話し言葉」と「書き言葉」を知り、適切に使い分けよう
2 敬語の使い方を理解しよう
3 差別用語、不適切な表現を使わないようにしよう

成功法則 36 オリジナルコンテンツのための情報収集術と「著作権」のルール

コンテンツを制作する際には、情報収集が欠かせません。コンテンツとして価値があるものは「その人しか語れない」というオリジナルコンテンツですが、自分の知らない情報を集めることも重要です。また「自分が作ろうとしているコンテンツに類似のコンテンツがすでに存在しないか」「すでに存在するコンテンツとの違いを出すためにはどうしたら良いか」という点を考えるためにも情報収集は大事です。

| 集客アップ | ★★★★★ | 成約アップ | ★★★★☆ | コンテンツ改善 | ★★★☆☆ |

情報収集の方法① 専門家に聞く

情報があふれる時代、コンテンツとして価値があるものは「その人しか語れない」オリジナルコンテンツです。個人の体験、個人の考え方には個性があり、ありふれた情報を読むよりもおもしろみがあります。自分に知識のない情報については、**その道の専門家に話を聞く**（インタビューや取材）などして、コンテンツを作りましょう。

専門情報について書籍やインターネット等で調べることもできますが、「その情報が正しいのか」「その情報が最新情報なのか」など、素人では判断できないこともあります。情報収集の方法として最適なのは「その道の専門家に聞くこと」だと心得ておきましょう。

コンテンツに**専門家の名前、プロフィール等を掲載**できると、より説得力のあるコンテンツになります。掲載する場合は、専門家に掲載許可を取ることを忘れないようにしましょう。

● 専門家に聞く

情報収集の方法②　書籍、雑誌

　情報収集の方法というと、すぐに「インターネット」を思い浮かべがちですが、**インターネットの情報には注意が必要**です。インターネットは誰もが情報発信できるツールです。誰が書いている情報なのかも不確かです。根拠のない情報、すでに古くなってしまった情報、別のサイトに掲載されていた情報の「コピペ」というケースもあるのです。

　インターネットに比べると、書籍や雑誌等の紙メディアは少なくとも**出版社、編集担当者のチェックを通過してきた情報である分、信頼度が高い**です。誰が書いたものなのかも、明記されています。

　著作権があるので、当然**そのままの情報をコンテンツ化することはできません**が、情報収集の方法として「書籍、雑誌」というのは役立ちます。

● 書籍、雑誌を読む

情報収集の方法③　インターネット

「インターネットの情報は信ぴょう性にバラつきがある」とはいえ、インターネットも大事な情報収集のツールです。正しい情報をキャッチアップするために、次の点に注意しましょう。

● インターネットで調べる

一次情報にあたる

一次情報とは**「自分が直接見たこと、実施したこと、考えていること」**など、**自分が生み出した情報**のことです。二次情報とは「誰かがこう言っていた、テレビ、書籍、インターネット等で書いてあった」という自分以外の人の体験や考え方のことです。

インターネットには一次情報だけではなく、二次情報、三次情報なども数多くアップされています。一次情報から二次情報、三次情報に変化するにしたがって、**内容が変わってしまったり、大切なことが抜け落ちてしまったり**しがちです。**インターネットで情報収集する際は、必ず一次情報を見つける**ようにしましょう。

最新情報を探す

インターネットの情報は、古いものから新しいものまで整理されずに掲載されています。検索するときに「期間指定」を行えば、指定した期間にアップされた情報だけを検索することができます。「1時間以内」～「1年以内」を選ぶことができます。

● 検索エンジンでの期間設定の方法

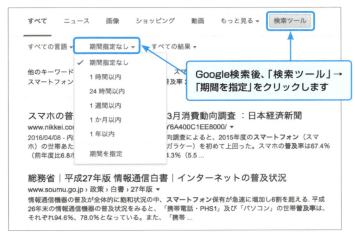

コピペ厳禁！著作権に注意する

　Webライティングにおいて、**絶対にやってはいけないことが「コピペ」**です。「コピペ」とは「コピー＆ペースト」の略語です。他人が書いた文章をコピーし、別の場所に貼り付けることを意味しますが、これは**著作権違反に該当する危険性がある行為**です。

　著作権とは、著作者が著作物の利用を独占できるという権利のこと。コピーライトとも呼ばれます。**Webサイト上のコンテンツ類にも、著作権があります**。他人が作ったコンテンツ、特に文章や画像等を自分のWebサイト等に張り付けることは違法なのです。

　SEO的にも、コピペは認められていません。Googleは「コピペによる低品質なコンテンツはコンテンツと認めない」としています。**重複コンテンツと判断されると、検索順位が大幅に下がるなどのペナルティを受ける場合も**ありますので注意してください。

引用のルールを守ろう

　著作物は著作権法で守られているため、他人の著作物を自分の文章として利用することはできません。ただし**「引用のルール」を守れば、他人の著作物を利用することができます。引用をうまく活用することによって、自分のコンテンツの説得力を高める**ことができます。内容をよりわかりやすく伝え、相手の理解を深めるためにも「引用のルール」を知り、コンテンツ作りに役立てましょう。

【引用における注意事項】
①引用する資料等は既に公表されているものであること
②「公正な慣行」に合致すること
③報道、批評、研究などのための「正当な範囲内」であること
④引用部分とそれ以外の部分の「主従関係」が明確であること
⑤カギ括弧などにより「引用部分」が明確になっていること
⑥引用を行う必然性があること
⑦出所の明示が必要なこと

⚠ 引用のポイント①　主従関係について補足

　主従関係とは、自分の書いた文章が「主」で、引用文が「従」の関係であるという意味です。例えば自分が書いた文章が60%で、引用文が40%の場合、「主従関係である」とは言えないでしょう。割合についての明確な基準があるわけではありませんが、目安としては、引用文が**全体の15%以内に収まるくらいに調整**し、誰が見ても「主従関係にある」と判断できる割合にしておきましょう。

⚠ 引用のポイント②　他人の文章を改変してはいけない

　当然のことですが、他人が書いた文章を勝手に改変してはいけません。原文のとおりに掲載しましょう。ただし引用文が長い場合は、途中に〔中略〕という表記を入れて省略することは問題ありません。

⚠ 引用のポイント③　引用のタグ（blockquote）を入れる

　引用を行う場合は、引用のタグ（blockquote）を使います。引用のタグ（blockquote）を使っておけば、GoogleのロボットがWebサイトを巡回してきたときに、**タグによって挟まれている部分の文章は「引用文である」で認識することができる**ようになります。引用のタグ（blockquote）を使うことによって、「重複コンテンツではありません。引用です」ということを明確にしておきましょう。

1. 情報収集の際は「専門家に聞く」「書籍や雑誌を調べる」「インターネットで調べる」などの方法を使い分けよう
2. すべてのコンテンツに著作権があるので、許可なくコピペ等をしないように注意しよう
3. 「引用のルール」にしたがって効果的に引用を行い、説得力の高いコンテンツを作ろう
4. 引用を行う際は、引用のタグ（blockquote）を使おう

成功法則

37 インタビューから作る オリジナルコンテンツ

Googleはオリジナルコンテンツを評価します。オリジナルコンテンツとは、他の人が書けないオンリーワンの原稿という意味です。インタビューから作る原稿は、オリジナルコンテンツの代表的なものです。

集客アップ	★★★★☆	成約アップ	★★★★☆	コンテンツ改善	★★★☆☆

インタビューから作るコンテンツの種類

　インタビューとは、あるテーマについて質問者が回答者に対して質問を行いながら、具体的な話を引き出す取材方法のことです。**1対1で行うインタビュー**のほかにも、回答者が複数存在する**「グループインタビュー」**や、回答者同士が会話を繰り広げる**「座談会」**などもあります。

　インタビューから作るコンテンツには、次のようなものがあります。

導入事例／ユーザー事例／お客様インタビュー

　お客様の声を直接聞くことができます。お客様が自分で書く「感想」よりも、より具体的な話を引き出すことができます。購入前の課題、購入決定の理由、導入後の成果などを聞くこともできます。

開発者インタビュー（社内インタビュー）

　開発の背景、経緯、開発秘話、独自技術、苦労した点などを聞くことができます。

イベントレポート（担当スタッフ、来場者インタビュー）

　業界イベント、企業イベントなどでに参加し、イベントの取材と同時に、関係者、来場者の話しを聞くことができます。

社内インタビュー（代表、担当、新入社員など）

　自社の取り組み、方針、ビジョンを聞く。入社の決め手などを聞くことができます。

176

有識者インタビュー／座談会など

　著名人などの話を聞くことによって、人気コンテンツを作れる可能性がひろがります。

インタビューの進め方①　準備

　インタビューからオリジナルコンテンツを作る場合、以下の準備が必要です。

インタビュー先の決定との調整（日程、内容、撮影の有無など）を行う

　インタビューの目的に合わせて最適なインタビュー先を決めます。有名人にインタビューする際は、事務所を通すのが一般的です。謝礼、取材時間、取材場所、撮影の有無のほかにも、メイク費用、交通費等も確認します。また取材場所をどこにするかも決めて、場所の予約も行います。

質問内容を準備する

　インタビューをスムーズに行うため、事前にどんなことを質問するのかをまとめた「インタビューシート（質問票）」を送っておきます。できあがりのイメージも送っておくと、相手もイメージがわきやすくなります。

● **インタビュー前にインタビューシートと仕上がりのイメージを共有**

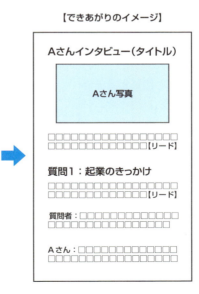

質問内容やできあがりのイメージをあらかじめ伝えておくと、以下のようなメリットがあります。

- インタビューを受ける側で、あらかじめ回答を用意できる
- 話の脱線を防げる
- インタビュー時間を短縮できる
- できあがりの原稿を想定できるので、原稿執筆がスムーズになる

インタビューが盛り上がってたくさんの話を聞き出しても、ページ数等の都合ですべてを掲載できないケースもあります。あらかじめできあがりイメージを想定しておくことは、失礼のないコンテンツを作るためにも必要なことなのです。

インタビューの進め方②　インタビュー当日

インタビューがうまくいくかどうかは、「相手が気持ちよくしゃべってくれるかどうか」にかかっています。以下の点に気を付けましょう。

相手に興味があることをアピールする

事前に相手のことを調べておき、**相手に興味をもっていることをアピール**しましょう。「○○さんの著書を読みました。この部分に感銘を受けました」「ブログを読みましたが、○○なんですか？」「Twitter フォローしています。この前の○○に関するツイートに共感しました」など具体的な感想を伝えましょう。**「自分のことを調べて、興味をもってくれている」と思えば、相手も心を開いてくれます。**

好感度の良い身なりと話し方をする

良い会話をするためには、「話しやすい相手」として認識してもらうことが大事です。**きちんとした服装は、相手への敬意**に値します。面接のように堅苦しくなる必要はありませんが、雰囲気作りも大事な仕事です。インタビューを行う会場についても、清潔感のある明るい場所を選ぶようにしましょう。

ICレコーダーを用意する

話しを聞きながらメモを取るのは難易度が高いです。**インタビュー当日は、会話に集中しましょう。** IC レコーダーがあれば、聞き取れなかった用語をあとから聞きなおすこともできます。IC レコーダーは、トラブルを考慮して２台用意して

おくと良いでしょう。

インタビューの進め方③　インタビュー後

内部（社内）での原稿確認を行う

　インタビュー相手に原稿を見てもらう前に、**必ず社内等で原稿の確認**を行いましょう。誤字脱字があり、聞いた内容と異なった記述が書かれている原稿は、相手に対して失礼です。内部でのチェック、校正をしっかりと行います。

取材先への原稿確認を行う

　取材先への原稿確認の際は、**インタビューのお礼を最初**に伝えます。原稿確認のポイントと期限も伝えましょう。相手のスケジュールを考慮して、**余裕のあるスケジュールを確保**しましょう。

Webサイトへのアップ後の報告

　Webサイトに原稿をアップしたら、URLを報告します。紙媒体等を作った場合は制作物を郵送するなどして、すべての生産物を共有するのが礼儀です。

インタビュー原稿のまとめ方

　インタビュー原稿のまとめ方について、2つのパターンを紹介します。

● インタビュー原稿のまとめ方①

3
〜ロジカルライティング〜
コンテンツマーケティング時代の文章術

179

会話のやりとりを時間軸にしたがって掲載していく方法です。インタビューそのものをテープ起こししたような状態になり、**臨場感が出て、生々しいやりとりに見せる効果**があります。ただし「全体を通して結局何が言いたかったの？」という**テーマが伝わりにくくなってしまう**デメリットもあります。

● **インタビュー原稿のまとめ方②**

先輩社員へのインタビュー	入社1年後の仕事の課題と悩み

			入社1年後の仕事の課題と悩み

先輩社員へのインタビュー

写真　　コンテンツ企画部
　　　　福田多美子

入社の決め手について
最初は入社の決め手について聞いてみた！
【リード文】

Q：1日のスケジュール……？

A：□□□□□□□□□□□□□
　　□□□□□□□□□□□□□

Q：入社の決め手……？

A：□□□□□□□□□□□□□
　　□□□□□□□□□□□□□

Q：休日は……？

A：□□□□□□□□□□□□□
　　□□□□□□□□□□□□□

入社1年後の仕事の課題と悩み
【リード文】

Q：仕事の悩み……？

A：□□□□□□□□□□□□□
　　□□□□□□□□□□□□□

Q：チャレンジしたいこと……？

A：□□□□□□□□□□□□□
　　□□□□□□□□□□□□□

将来の自分について夢を語る
【リード文】

Q：将来の夢……？

A：□□□□□□□□□□□□□
　　□□□□□□□□□□□□□

Q：これから入社する人へ……？

A：□□□□□□□□□□□□□
　　□□□□□□□□□□□□□

　インタビューでやり取りした内容に編集を加え、大きく3つのコーナーに分けています。**見出しとリード文を付け加えることによって、読みやすさ、理解のしやすさを助ける働き**が出ます。ぱっと見て3つのコーナーがあることがわかるので、**見出しを見て読みたいところだけ読むこともできます。**

　インタビューした内容にどこまで編集を加えるかは、**ライターや編集者の腕の見せどころ**です。読者に何を伝えたいかを明確にして、インタビュー原稿の目的を果たせるように掲載していきましょう。

インタビューのメリット

　インタビューは準備、当日運営、インタビュー後までスケジュール管理を行いながら進行しなければならず労力もかかりますが、多くのメリットがあります。

- 会話によって、多くの情報、具体的なエピソードを引き出せる
- リアルな原稿、臨場感のある原稿、旬な原稿ができあがる
- 他では書けないオリジナル原稿（オリジナルコンテンツ）が作れる

1. オリジナルコンテンツの代表的なものがインタビュー記事である
2. インタビューはやり直しがきかないので、事前準備をしっかり行う
3. インタビュー当日は、身なりや話し方に気を配り、相手に気持ちよくしゃべってもらおう
4. 原稿確認だけではなく、Webサイトへアップ後など最後まで報告を行おう
5. インタビューのメリットを理解し、オリジナルコンテンツを増やそう
6. インタビュー原稿にどんな編集を加えるかは、読者にどう伝えたいかで決めよう

成功法則 **38**

文章をグンと引き立てる
画像活用術（基礎編）

文章だけで伝えるよりも、文章と画像を組み合わせたほうが、読者の理解を深めることができます。ただし画像の選び方、掲載の仕方を間違えると、かえって逆効果になってしまうことも。画像を効果的に活用するためのコツをお伝えします。

| 集客アップ | ★★★★★ | 成約アップ | ★★★★☆ | コンテンツ改善 | ★★★★★ |

画像を入れるメリット①
アイキャッチとして引き付ける

　初めて訪問したWebサイトで「このページ好き」と感じるか、「ちょっと違うから別のページにいこう」と判断する時間は3秒程度と言われています。ユーザーを一瞬で引き付けるためには、画面に表示される**キャッチコピーと画像が重要**です。次の2つのWebサイトがあったら、あなたはどちらに興味をもちますか？

● アイキャッチとして引き付ける

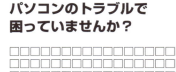

　左側の文字だけのページよりも、右側の画像入りのページに目が留まる人がほとんどだと思います。**画像は人の目を引き付けるアイキャッチの役割**があります。インパクトのある画像を採用することによって、多くの人の視線を集めることができます。

画像を入れるメリット②
読みたくない読者を、読む気にさせる

　文字だけのWebサイトは真面目で堅苦しい印象を与えます。画像を入れるだけで、Webサイトに**「楽しそう、わかりやすそう、おもしろそう」などの良い印象**を与えることができます。文字情報だけよりもリッチなコンテンツに見せることができるのです。

　次のWebサイトを比較してみてください。

● **好印象を与え、読む気にさせる**

【画像なしのコンテンツ】

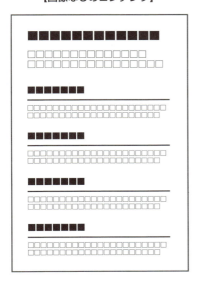

【画像入りのコンテンツ】

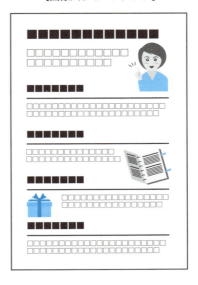

　ユーザーはそもそも**「文章を読むのは面倒。できれば読みたくない」**と思っています。画像を入れることによって、文章の堅苦しさをやわらげ、**「読んでみようかな」と思わせる効果**もあります。**画面をスクロールするたびに画像が出てくるようなテンポ**で、画像を挿入していきましょう。

画像を入れるメリット③　感覚的なことを伝える

　たった1枚の画像でも、**文章以上にたくさんの情報を伝えます**。画像は文字だけでは伝わらない**「イメージ、雰囲気、印象」など感覚的なことを伝える役割**が

183

あります。

　次の「Webライティングセミナー開催」のお知らせを見てください。画像が違うだけですが、印象が異なるのではないでしょうか？

● **感覚的なことを伝える**

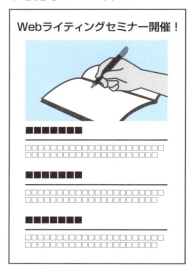 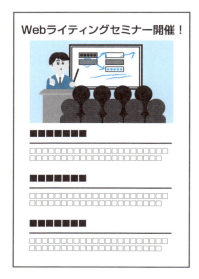

　同じ「Webライティングセミナー開催」のページでも、左のページでは「書くことに重点を置いていて、ひとりひとりの書く力が高まるようなセミナー」という印象が伝わります。右のページでは「多くの受講生が集まる人気セミナーで、勉強会というよりは講演に近いスタイルなのかな」という感覚がうまれます。見る人に**「どんな印象を持ってほしいのか」を考えて**使用する画像を決めましょう。

画像を入れるメリット④　ターゲットがわかる

　人の写真を入れるときは商品やサービスの**「ターゲットが誰なのか」が伝わる写真**を選びます。きれいな人、人気のある人、若い人など、好みで画像選定すると失敗しますので注意してください。次のページの図を比較してみてください。「美容液、新発売」の告知です。左側は「20代の女性対象の美容液なんだろうな」と想像できますし、右側は「40代～50代向けの美容液なのかな」と想像できます。このように、画像を選ぶときは、**対象となるお客様、買ってほしいお客様のイメージに近い画像を選定**しましょう。見る人に**「あっ、私向けかも」**と自分ご

184

ととして感じてもらえることを目標にしましょう。

● ターゲットがわかる

画像を入れるメリット⑤　記憶に残る

　人間の脳には右脳と左脳があります。左脳は論理的な思考をつかさどり、文字を読んだり、計算したりすることが得意です。一方、右脳はイメージ的な思考をつかさどり、絵を描いたり、空間を認識したりすることが得意です。受験勉強等でも、**文字情報で理解（左脳で理解）したことを、図式化して記憶に定着（右脳で理解）させる**方法を経験済みかと思います。Webライティングで文字情報と画像をうまく活用すると、**左脳と右脳の両方で理解できるようになるので、ユーザーの記憶に残りやすくなる**のです。

1. 画像にはアイキャッチの役割があり、ユーザーの興味、関心を引くことができる
2. 画像を使うとページの印象がよくなり、ユーザーを読む気にさせる効果がある
3. 画像は文字では伝えられない「感覚的なこと」伝えることができる
4. 画像によって、商品やサービスの「ターゲットが誰なのか」が伝わる
5. 画像を入れると、文字情報だけで伝えるよりも記憶に残りやすい

| 成功法則 39 | 文章をグンと引き立てる画像活用術（実践編） |

画像を使うと、文章だけで伝えきれない情報も伝えることができます。ただし、Webライティングにおいては、画像に頼り過ぎると危険です。あくまでも文字情報（テキスト）が主役、画像はサポート役と考えておきましょう。

| 集客アップ | ★★★★★ | 成約アップ | ★★★★☆ | コンテンツ改善 | ★★★★★ |

文字情報を画像化するか、テキストで書くか

　画像を使うメリットはたくさんありますが、文字情報を画像化するかどうかは、検討の余地があります。文字情報を画像化すると、**文字のフォント、色、角度などの表現力が高まり**、思い思いの画像を作ることができますが、SEO的な効果がさがってしまうというデメリットがあります。**文字情報はテキストで書いたほうがSEO的な効果が高まります。**

例1　文字情報を画像化した例／原文

　この例では、「コーヒーカップ、マグカップ、ティーカップ、カフェオレカップの販売」という文字情報を画像のなかに入れ、画像化しています。画像の上部の説明文には「カップ」としか書いていないので、Googleのロボットには「カップ」だけが認識されます。**「コーヒーカップ、マグカップ、ティーカップ、カフェオレカップ」は画像なので、Googleのロボットに認識されにくくなっています。**
　次のように修正したほうがSEO的な効果は高まります。

　この例では、「コーヒーカップ、マグカップ、ティーカップ、カフェオレカップ」がテキスト情報として掲載されています。Googleのロボットは、「コーヒーカップ、マグカップ、ティーカップ、カフェオレカップ」をこのサイトのキーワードとして登録します。

　文章と画像の両方にキーワードを書き込む以下の方法もおすすめです。

　いずれにしても**SEO的なキーワードは、テキストとして掲載しておく**ことを忘れないようにしてください。

文字情報（テキスト）が主役! 画像に頼り過ぎない伝え方

　ポスター、チラシ、パンフレット等の場合は、写真やイラスト等の画像が中心で、文字情報（テキスト）を少なく抑えるケースも多いのですが、Webライティ

187

ングの場合は**文字情報（テキスト）が主役**です。画像は文字情報をよりわかりやすく伝えるためのサポート材料と考えておいたほうが良いです。

例2　画像が主役の説明方法／原文

ロイヤルコペンハーゲンのお皿です。

　見れば良さが伝わると思い込んで、**説明を省略してしまっている例**です。絵に描かれている図柄についても、何の説明もありません。説明がないとユーザーは絵のもつ本来の意味がわからず、結果として商品の良さも伝わりません。Webサイトを表示する環境によって、色の見え方も異なることがあります。

　SEO的にはもちろんですが、それだけではありません。例えば、Webサイトの情報を音声に変換して読み上げるソフトウェアでも、基本的にはWebサイト上のテキスト情報を拾っていきます。見る人に親切なページを作るためにも、文字情報を大切にしてください。

例2　文字情報（テキスト）が主役の説明方法／改善後

ロイヤルコペンハーゲンのお皿です。「ブルーフルーテッド」はコバルトブルーと白のコントラストが美しいシリーズです。
草花をモチーフにしたデザイン。シンプルでどんな料理にも合わせやすいと世界中で人気です。
創立から230年を経た現在もハンドペイントの伝統が受け継がれ、熟練のペインターが一筆一筆絵柄を描いているのです。

インターネット上の画像を使うときの注意

　Webサイトで使用する画像は、**オリジナル画像がベスト**です。自分で撮影した写真や自分が描いたイラスト等を使用しましょう。インターネット上の画像には、基本的には著作権がありますので、勝手に使用することはできません。オリジナル画像が用意できない場合は、画像を購入するか著作権フリーの画像サイトを利用しましょう。サイトによって、「商用サイトでの使用禁止」や「加工してはいけない」などの条件が異なります。必ず**使用条件のページを確認**してください。

1. Webライティングにおいては文字情報（テキスト）が主役。画像はサポート役と心得よう
2. 文字情報を画像化する場合でも、文字情報は文章内に残したほうがSEO的に効果的
3. 画像は文字情報よりも多くのことを伝えるメリットがあるが、画像に頼り過ぎず、文字情報を詳しく書こう
4. 画像を使う場合は、オリジナル画像がベスト
5. インターネット上の画像を使うときは、著作権に注意しよう

3 〜コンテンツマーケティング時代の文章術〜ロジカルライティング〜

| 成功法則 **40** | **正しい文、読みやすい文を書く ための読点の使い方** |

読点の役割は2つあります。ひとつは「正しく伝える」ためです。読む人によって解釈が異なってしまうような文は「正しい文」とは言えません。もうひとつは「文を読みやすくする」ためです。息継ぎしやすいタイミングで読点を入れましょう。

| 集客アップ | ★★☆☆☆ | 成約アップ | ★★☆☆☆ | コンテンツ改善 | ★★★★☆ |

「正しく伝える文」を書くための読点の付け方

「ぎなた読み」という言葉を聞いたことはありますか？「べんけいがなぎなたをもって」という文。「弁慶がなぎなたを持って」と伝えたかったのに「弁慶がな、ぎなたを持って」と異なる伝わり方をしてしまったという話しから、「2通りの意味に取れてしまう文」を「ぎなた読み」と言います。

以下は「ぎなた読み」の代表的な例です。

- ぱんつくった（パン作った／パンツ食った）
- くるまでまとう（車で待とう／来るまで待とう）
- ここではきものをぬいでください（ここで、履き物を脱いでください／ここでは、着物を脱いでください）

上記の文は、「読点」を打つ場所によって、2通りの意味に解釈できます。**読む人によって複数の解釈ができるような文は、正しい文とは言えません**。誰が読んでも同じ解釈しかできない文を目指しましょう。

例文を見てください。

例1 原文

監督は必死にボールをける少年を指導した。

この文は、読む人によって2通りの解釈ができてしまう悪文です。「必死なのは誰か？」という視点で読んでみてください。「監督が、必死に指導した」のか「必死にボールをける少年」だったのかという2通りの解釈ができます。

例1 必死になっていたのが、監督の場合

監督は必死に、ボールをける少年を指導した。

例1 必死になっていたのが、少年の場合

監督は、必死にボールをける少年を指導した。

読点１つ入れることによって、**誰が読んでも「ひととおりの解釈」しかできない文**になりました。**読点は、意味の切れ目のタイミングで打ちましょう。**

「読みやすい文」を書くための読点の付け方

誰が読んでもひととおりの解釈ができる文になったら、次は読みやすさを高めるために、以下の点に留意して読点を入れていきましょう。

- 主語の直後で打つ
- 接続詞の直後で打つ
- 声に出して読んでみて、息継ぎをするところで打つ

例2 原文

私たちは合唱コンクールに向けて毎晩遅くまで練習しています。

例2 改善後

私たちは、合唱コンクールに向けて、毎晩遅くまで練習しています。

例3 原文

しかし私たちは合唱コンクールまで時間がないのです。

例3 改善後

しかし、私たちは、合唱コンクールまで時間がないのです。

「このタイミングで絶対に読点をいれなければならない」という法則ではありませんので、**読みやすさを意識しながら読点の入れ方を工夫**してください。

1. 読点は「正しく伝える」ために打とう
2. 「ぎなた読み」に注意しよう
3. 読点は「文を読みやすくする」ために打とう
4. 主語の直後、接続詞の直後、息継ぎのタイミングで読点を打とう

紙とWebでの「読点の入れ方」の違い

　紙に比べ、Webは可視性、可読性の悪いメディアです。

・**可視性：パッと見た瞬間に認識しやすいかどうか**
・**可読性：文字や文章が読みやすいかどうか**

　Webは「紙に比べると読みにくいメディア」であることを考え、フォントの種類・色・大きさ、行間、文字間隔等を考慮してWebページを構築していきましょう。
　可視性、可読性を高める目的であれば、Webには読点をやや多めに入れても良いでしょう。

成功法則 41 校正する
―なぜ校正が重要なのか―

校正は提出された原稿に誤字や脱字、適切でない表現がないかを確認し、修正の有無をチェックする作業を言います。一見簡単な作業のように思えますが、緻密で根気のいるとても重要な作業です。

集客アップ	★★★★☆	成約アップ	★★★☆☆	コンテンツ改善	★★★★★

校正者がもつ2つの観点

校正を行う際は、2つの観点をもちましょう。

正しさのチェック

書いてあることが正しいかどうかをチェックします。例えば金額。ECサイトの原稿で、10,000円の商品の金額表示が「1,000円」になっていたら、企業は大損害を受けてしまいます。セミナーの日付が1日ずれていたら、誰もいない会場に受講者が押し寄せてしまうことになるのです。**数値情報、固有名詞のチェックは、必須です**。書いてあることが正しいかどうかは、Webサイトの信頼に関わります。チェックリストを作るなどして、もれなくチェックしましょう。

わかりやすさのチェック

書いてあることが、読者にとってわかりやすく書かれているかどうかをチェックします。わかりにくい文章は、読者にストレスを与えます。読者は、ちょっとした**ストレスで読むのをやめ、ページから離れて**しまいます。読者に気持ちよく文章を読ませ、ページ滞在時間を延ばすこと、リピートして訪問してもらうことなどは、SEO的にも効果的なことです。読者にとってわかりやすく見やすく仕上がっているかをチェックしましょう。

大手の出版社や新聞社には、校閲記者という専門部署を抱えているケースもあります。Webライティングでも、**ライターと別に校正担当者を入れる**と良いでしょう。文章を書いた人と別の人が校正することで、客観的なチェックが行えます。

3

～コンテンツマーケティング時代の文章術
～ロジカルライティング～

校正の手順は、自己チェック→別の人のチェック

　校正者など別の人に原稿チェックしてもらう前に、まずは**自分のなかで完璧な状態**まで仕上げます。特に、**誤字脱字、表記の揺れ、用語の不統一など単純ミスは、取り除きましょう**。単純ミスが残っている原稿は、チェックする人の負担を増やすだけではなく、「ちゃんと見直したのかな？」とチェックする人に不信感を与えてしまいます。単純ミスのチェックに追われて、**重要なミスを見落としてしまう危険性**もありますので、まずは自己チェックを完璧に行いましょう。

　自己チェックするときは、以下のような工夫をして効率的にミスを発見できるようにします。

5W2Hでチェックする

「5W2H」は、ビジネスシーンでよく使われる情報伝達のためのフレームワークです。

● 5W2H

What	なに？　どんな？
Who	だれ？　どんな人がつかう？
Where	どこ？　場所は？
When	いつ？　時間、季節は？
Why	なぜ？
How	どのように？
How much	いくらで？

　伝えるべきことに**漏れがないか**をチェックするために、5W2Hのチェックをしてみましょう。

プリントアウトする

　プリントアウトした原稿を使い、赤ペンを持ちながらチェックすると良いでしょう。画面上では読みにくいからです。

時間を空けてからチェックする

　文章を書いてすぐにチェックするよりも、少し時間を空けてからチェックしたほうが、自分の原稿を客観的な視点でチェックすることができます。

194

声に出して読む

声に出して読んでみると、文章の読みやすさや、リズム、テンポの悪さなども
チェックできます。

チェックリストを作る

一度にいろんな観点でチェックすることは、難しいことです。チェックリスト
を作って、項目ごとにつぶしていくと漏れがありません。

● チェックリストの例

☐	数値、固有名詞が間違っていないか
☐	URLが正しくリンクできるか
☐	書いてある内容が正しいか（製品資料などとの照合を行う）
☐	用語の不統一はないか
☐	わかりにくい表現、誤解を生む表現がないか
☐	執筆ガイドライン（あらかじめ作成）と合致しているか
☐	誤字脱字、表記の揺れがないか

校正ツールを使ってチェックする

自己チェック、校正者（書き手と別の人）のチェックだけではなく、ツールに
よるチェックも行っておくと安心です。

Microsoft Officeの「Microsoft Word」

手軽な所でおすすめなのは、「Microsoft Word」の文章校正機能です。自分仕
様にカスタマイズすることもできます。「文法とスタイルの規則」「スペルチェッ
クと文章校正」「オートコレクト」を使ってみましょう。

無料・有料の校正ツールを利用する

インターネットで検索すると、無料版、有料版で複数の校正ツールが見つかり
ます。何種類か使ってみて、使いやすいツールを使ってみましょう。Web上で使
えるタイプ（入力フォームへ文章を貼りつけて使う）と、パソコンにダウンロー

3

～ロジカルライティング～
コンテンツマーケティング時代の文章術

195

ドして使うタイプがあります。

　有料版としては、株式会社ジャストシステムの「文章校正支援ツール Just Right!5 Pro」等があります。

コピペルナー
(http://www.ank.co.jp/works/products/copypelna/Client/)

　書いた原稿が他サイトからのコピペになっていないかどうかをチェックできるツールもあります。代表的なのが株式会社アンクが出している「コピペルナー」というツールです。もともとは、学生が書いたレポートがインターネットからのコピペになっていないかをチェックするツールでしたが、最近は、SEOのためのコンテンツが他サイトと類似していないかをチェックする際にも使われています。

1 校正は、「正しさのチェック」と「わかりやすさのチェック」という2つの観点で行おう
2 自己チェックでは、最低限、誤字脱字、表記の揺れ、用語の不統一などを取り除こう
3 チェックを行う際の方法を知り、自分なりに効率的な方法でチェック作業を行おう
4 校正用ツールも活用しよう

Chapter - 4

一瞬で引き付ける！
キャッチコピーライティング

お客様の心を一瞬で捉えるためには「強い光」が必要です。短い文字数でありながら、お客様の気持ちをグッとつかむキャッチコピーを作りましょう。キャッチコピーはセンスではありません。作り方がわかれば、誰でもキャッチコピーを作れます！

成功法則 42 お客様をつかまえよう！キャッチコピーの設置場所

インターネット上のたくさんのWebサイトのなかから、自社のWebサイトをお客様に選んでもらうためには、一瞬で引き付けるキャッチコピーが必要です。インターネット上では、自社のWebサイトだけではなく、バナーに掲載するコピー、ボタン上のコピー、広告のコピー、メールマガジンの件名等、たくさんの場所でキャッチコピーが必要となります。

| 集客アップ | ★★★★☆ | 成約アップ | ★★★★★ | コンテンツ改善 | ★★★★☆ |

　ここでは、具体的なキャッチコピーの作り方を解説する前の予備知識として、キャッチコピーの設置場所について説明します。**インターネット上で「お客様に行動してもらいたい場所」には、常にキャッチコピーが必要です**。文章を書くときは「**通常の説明文的な文章**」で書くべきか、「**キャッチコピー風な文章**」で書くべきかを考えながらライティングを行いましょう。

設置場所① サービスページの冒頭のキャッチコピー

　検索エンジン経由、広告経由、メールマガジン経由、Facebook経由など、自社サイトへの訪問者は、さまざまな入り口からやってきます。せっかくやってきたお客様に「なんかここ、違うね」と思われて**直帰されてしまったら、もったいないです**。

　お客様には、その**ページを最後までスクロールしてもらい**、購入、資料請求などの**行動（アクション）を起こして**ほしいもの。第一印象で気に入ってもらうために、**冒頭のキャッチコピーでお客様の心をつかむ**ことが大事です。

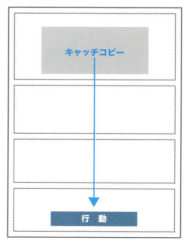

● Webサイトの冒頭のキャッチコピーでお客様の心をつかもう

設置場所②
Webサイトへ誘導するためのキャッチコピー

Webサイトの訪問者を増やすために、誘導の元となる場所でもキャッチコピーが必要です。Webサイトへの訪問者を増やすため、クリックしたくなるようなキャッチコピーを用意しましょう。

● **Webサイトへ誘導するようなキャッチコピーを作ろう**

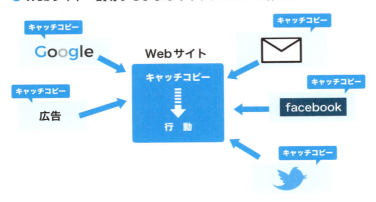

⚠ 検索エンジンからの誘導を増やそう

「インターネットユーザーの約8割は、検索エンジン経由でWebサイトに訪問する」というデータがあります。SEOを行い、自社サイトの検索順位を上げておくことが大事ですが、検索結果で表示される**文章をキャッチコピー風に書くことによって、訪問者をひとりでも多く増やす努力をしましょう**。検索結果で表示される文章は、自社サイトの各ページの「titleタグ」と「descriptionタグ」に書き込むことができます。詳しくは 成功法則17 を参照してください。

● **Googleで「ベッド 通販」と検索した結果のページ**

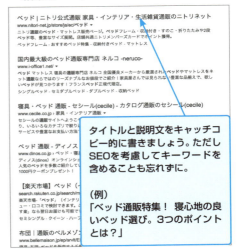

タイトルと説明文をキャッチコピー的に書きましょう。ただしSEOを考慮してキーワードを含めることも忘れずに。

(例)
「ベッド通販特集！ 寝心地の良いベッド選び。3つのポイントとは？」

⚠ リスティング広告のキャッチコピーを工夫しよう

　Webサイトへの集客のために、リスティング広告を利用する場合もあります。**広告はクリックされてこそ価値があるもの**。お客様の興味、関心を引き付け「**もっと見たい**」「**詳しく知りたい**」**と思わせる**ことで、クリック率を引き上げることが可能です。キャッチコピーを工夫して、ひとりでも多くのお客様を自社サイトに誘導しましょう。

● Googleで「ベッド　通販」と検索した結果のページ（リスティング広告）

リスティング広告の例。キャッチコピーによってクリック率が変わります

⚠ Web広告を目立たせよう

　Web広告は、広告を受け付けているポータルサイト等に掲載できます。バナー広告が一般的ですが、1行から数行の文を掲載するテキスト広告もあります。バナー広告の場合、画像のデザインや色なども重要ですが、**どんなキャッチコピーを載せるか**ということも、クリック率に影響が出ます。

● Yahoo!JAPANの広告の例

Web広告の例。キャッチコピーによってクリック率が変わります

⚠ ソーシャルメディアからは、さりげなく誘導しよう

　FacebookやTwitterに代表されるソーシャルメディアに広告や記事を書くことによって、自社サイトへの誘導を増やすことも可能です。**友だち同士のコミュニケーションの場所**として利用されているソーシャルメディアでは、あまり**宣伝色の強いキャッチコピーは敬遠されがち**です。**さりげなく自社サイトへ誘導するようなキャッチコピー**を心がけましょう。

● Facebookからの誘導例

投稿文を書いた後に、最後のひと押しとして、キャッチコピーで誘導します

▼【ファンを集めるWebサイトを作りたい方】は必見なのです〜

を書くことによって、Webサイトへの誘導率が高まります

⚠ メールマガジン等の各種メールから誘導しよう

　メールマガジン、ダイレクトメール、フォローメール等、各種メールにURLを書いておいて、Webサイトへの誘導を行う場合も多いです。メールの場合、2つのポイントがあります。

① 開封率

　「開封率」は、配信したメールを「読者の何パーセントの人が開封してくれたか」という指標です。**開封率を引き上げるためには、メールの件名の書き方**がポイントになります。お客様のメーラー（メールボックス）のなかで、他のメールに埋もれてしまわないように、**メールの件名はキャッチコピーで作りましょう**。

件名	差出人	送信
📧 【3(火)9時〆切】母の日ギフト無料配送のお申込みはいよいよ3日の朝まで！	"SEIYUドットコム " <seiyunet@ml3.the-seiyu.com>	201(
📧 Tポイントを現金に換える方法とは？－Tポイントお得情報	Yahoo! JAPAN <points-master@mail.yahoo.co.j...	201(
📧 【本日新発売】お得な限定キットで気になる肌の悩みへアプローチ◆オンラインショップ限定キャンペーンも開...	ヘレナ ルビンスタイン <info_helenarubinstein@helen...	201(
📧 もう用意した？【母の日ギフト】人気ランキング・オススメ・高レビューから選べます！Yahoo!ショッピング	Yahoo!ショッピング <shopping-newsclip-master@m...	201(
📧 【おすすめ】牛肉と日本酒[セール]スニーカー、ワンピ[ポイント5倍]腕時計、ジャージ上下ほか、人気ストアク...	Yahoo!ショッピング <shopping-newsclip-master@m...	201(
📧 ○|○|：【明日1日(日)まで！】エポス プラチナ・ゴールドカードご優待10％ポイントプレゼント5ＤＡＹＳ○|○|	<members@0101.co.jp>	201(
📧 【締切間近】"PHOTO IS" 30,000人の写真展[キタムラ得マガ特別号]	カメラのキタムラ ネットショップ <eshop@kitamura.co.jp>	201(
📧 【あと2日！】エポス プラチナ・ゴールドカードご優待10％ポイントプレゼント5DAYS	マルイのネット通販「マルイウェブチャネル」<voi@0101.co.j...	201(
📧 ゴールデンウイークスペシャルセール開催します♪	伊勢丹メールマガジン【オンラインストア】<info@isetanmit...	201(
📧 GWスペシャルセール！ゲーム500円・1,000円均一セール！さらに！人気の「ドラゴンクエストビルダーズ」...	ネットオフ NEWS <magazine2@netoff.co.jp>	201(
📧 ★☆ポイント2倍☆★羽田空港で！マイル交換で！タイで！エムアイカードのご利用でお得♪	エムアイカード <news_01@micard.co.jp>	201(
📧 【HABA】お誕生日クーポンプレゼント＜300円＞	HABA <sales@haba.co.jp>	201(
📧 只今より！爽快☆シュワシュワ～な強炭酸水プレゼント♪【ザクロ屋エイジングケア店（PC版）】	ザクロ屋エイジングケア店 <info@zakuroya.com>	201(

> メールの件名をキャッチコピーで作りましょう。
> 他のメールよりも目立たせて、優先的に開封して
> もらいましょう

例

× 新入荷情報
○ スニーカーかサンダルか？ モテる40代の夏の足元チェック

　メールマガジンは、いかに開封してもらえるかが勝負です。件名を工夫して、ひとりでも多くの人に開封してもらえるように努力しましょう。

② クリック率

「クリック率」は、メールの本文中のURLを「読者の何パーセントの人がクリックしてくれたか」という指標です。クリック率を引き上げるためには、URLの直前のコピーの書き方がポイントになります。読者がメールを読み進めていて「なんとなく、ぼんやり読み進む」のではなく、**メールの途中でも気になって「ん？なんだろうこれ。この続きがもっと見たい」と思わせるようなキャッチコピー**を作りましょう。

✖ つづきはこちら
　http://＿＿＿＿＿＿＿＿＿＿＿＿＿

⭕ その色は違う！ 30代に流行の口紅カラーはこの2色
　http://＿＿＿＿＿＿＿＿＿＿＿＿＿

202

メールマガジンの本文は、いかにURLをクリックしてもらえるかが勝負です。**URL直前のコピーを工夫して、ひとりでも多くの人をWebサイトに誘導しましょう。**

インターネット上では
たくさんのキャッチコピーが必要

　インターネットでビジネスを行う場合、さまざまな場面でキャッチコピーが必要になります。メディアの特徴、掲載場所に訪問する人の属性等に合わせてキャッチコピーを作りましょう。次のページから、キャッチコピーの作り方を説明します。

1 インターネット上では、キャッチコピーが必要な場所がたくさんある

2 サイト訪問者を逃がさず、ページを最後まで読んでもらえるように、ページの冒頭のキャッチコピーを工夫しよう

3 多くのお客様をWebサイトへ誘導するため、広告やメールマガジンの件名等のキャッチコピーも工夫しよう

成功法則	**売れるキャッチコピー①**
43	**お客様のハッピーを描こう**

インターネットで検索し、何かを買おうとしている人には「もっとハッピーになりたい」というプラスの欲求、または「抱えている悩みを解決したい」というマイナスの欲求があります。プラスの欲求を満たすためのキャッチコピーでは「この商品を購入するとこんな未来が待っていますよ」ということを描きましょう。

集客アップ	★★☆☆☆	成約アップ	★★★★★	コンテンツ改善	★★★☆☆

■ 2大欲求「ハッピーになりたい」「悩みを解決したい」

　成功法則57 でも説明していますが、インターネットで検索して、ものを買う人はどんなタイプの人でしょう。

　リアル店舗に行けば、商品を手に取って見ることができます。店舗の人に質問することもできますし、購入を決めればその場で商品をもち帰ることもできます。**インターネットの場合**は、わざわざ検索をしていくつかのWebサイトを見て回り、商品に触れることもできませんし、店員との直接的な会話も難しいです。さらに商品を手に入れるためには、到着まで数日間、待たなければなりません。

⚠ インターネットで購入するための「強い欲求」とは

　みなさんはどんなときに、インターネットで買い物をしますか？　自分にとって必要なものや**自分がハッピーになれるもの**を見つけたいとき、または誰かを喜ばせたくて商品を探しているときもあります。または「あ〜困った。この**困りごとを解決してくれるもの**ってインターネットで探せるかな」「私の悩み、不安を解消してくれるものってないかしら」というときもインターネットで検索を行うかもしれません。

　インターネットでものを購入する行為には「強い欲求」が必要になります。

　強い欲求は、次の2つのタイプに分けることができます。

● 強い欲求のタイプ

タイプⓐ

もっとハッピーになりたい、
誰かをハッピーにしたいという欲求

本書では「プラスの欲求」と呼びます

タイプⓑ

悩みを解決したい、痛みや苦しみ
から逃れたいという欲求

本書では「マイナスの欲求」と呼びます

　インターネットで買い物をする人が「プラスの欲求」「マイナスの欲求」をもっているのであれば、Webサイトにはそれらの欲求を満たすような「プラスのキャッチコピー」と「マイナスのキャッチコピー」を用意しておけばいいということになります。
　プラスのキャッチコピーは、お客様が**「もっとこうなりたい」「もっとこんなふうになれたら幸せなのに」という気持ちを刺激**するように作ります。

例1 プラスのキャッチコピー

- ⓐ「歌がうまい」と思われるカラオケボックスはここだ！
- ⓑ 家族みんなが笑顔になれるブライダルプラン
- ⓒ 集中力がグンと高まる3色ボールペン
- ⓓ はやく走れる運動靴
- ⓔ 営業成績が3倍アップするスマホアプリ活用術
- ⓕ 毎晩寝るのが楽しみになる布団セット

　どのキャッチコピーにも、**お客様のハッピー、明るい未来が描かれて**います。例えば、会社の飲み会でカラオケに行くことが多い会社員が「歌うまいね」って同僚に言われたいと思っていたら、ⓐのキャッチコピーが響きます。

勉強や仕事に集中できない人には、**ⓒ**のキャッチコピーが響くでしょう。**本人だけではなく、受験勉強中の子どもをもつ保護者**が子どものために３色ボールペンを買うかもしれません。**部下たちへのちょっとしたプレゼント**に、いつもならお菓子を買っていた管理職が「集中力が高まるボールペン？　たまにはお菓子ではなく、文房具を配るのもいいかもしれないな」と思って、３色ボールペンを選ぶ可能性もあります。「プラスのキャッチコピー」は**見る人**に**「気づき」を与え、購入のきっかけ**にもなるのです。

　ⓕは「毎晩寝るのが楽しみになる布団って、どんな布団なんだろう」「きっと、すごくふわふわで、寝心地の良い布団に違いない」という**期待感をもたせるコピー**になっています。「国産布団新発売」「こだわりの布団」などというキャッチコピーでは、**お客様に使用感まで連想させることはできません。**プラスのキャッチコピーは**「お客様がこうなりたい」という気持ちをくすぐる**ように作りましょう。

■ プラスのキャッチコピーの作り方

　プラスのキャッチコピーは、お客様の視点に立って「この商品やサービスを使うと、どんな自分になれるかな？」と想像してあげると、作りやすいです。

例2 原文

歯がきれいになるホワイトニング

例2 改善後

人前で笑顔になれる「ホワイトニング」

「ホワイトニング」のサービスを紹介するときに「歯がきれいになるホワイトニング」というキャッチコピーでは、当たり前すぎます。だからといって「ポリリン酸ホワイトニング」とか「歯科医がすすめるホワイトニング」と、特徴を伝えても「自分に関係がある＝自分ごと」と思ってもらうことができません。

　歯に自信がない人が、いつも笑うときに口元を手で隠しながら笑っていたとします。「人前で笑顔になれる」つまり「自信をもって笑えるようになれる」というキャッチコピーは、歯に自信がない人にとって自分に関係があること（＝自分ごと）になります。お客様を具体的にイメージして、未来が明るくなるような**プラスのキャッチコピー**を作っていきましょう。

206

例3 原文

ショート丈のマタニティワンピース

例3 改善後

・ショート丈だから、かわいらしさアップ
・大きなお腹をスッキリ見せる効果あり！ショート丈マタニティワンピース

「ショート丈のマタニティワンピース」というキャッチコピーは、単なる「**特徴の説明**」です。「こんな特徴がありますよ」「こんな機能を追加したよ」と売り手側目線のトークを繰り広げていると、お客様はスルー（素通り）していってしまいます。

「マタニティの女性にとって、どんな**ハッピーを与えられるか？**」と考えましょう。「ショート丈だからかわいく見えるよ」「大きくなったお腹がすっきり見えるよ」というキャッチコピーは、お客様のハッピーがわかりやすく書かれたキャッチコピーになります。マタニティの女性にとって「こうなったら嬉しいだろうな〜」ということを想像してあげましょう。

ハッピーを描き、ステキな未来を期待させることが大事

インターネットで何かを買おうとしている人は「強い欲求」をもっています。強い欲求には「プラスの欲求」と「マイナスの欲求」の**2種類が**あります。「**プラスの欲求**」を刺激するためには「**プラスのキャッチコピー**」が必要です。「こうなりたい」「もっとハッピーになりたい」と思って何かを検索しているお客様に、**ステキな未来、ハッピーを描くようにキャッチコピーを作りましょう**。

マイナスのキャッチコピーについては、 成功法則44 で説明します。

1 インターネットで買い物をする人には「強い欲求」がある
2 「もっとハッピーになりたい」人には、プラスのキャッチコピーが効果的
3 プラスのキャッチコピーを見ると、お客様は自分もそうなれる、なりたいと期待する

成功法則 44 売れるキャッチコピー② お客様の悩みを解決しよう

インターネットで検索し、何かを買おうとしている人には「もっとハッピーになりたい」というプラスの欲求、または「抱えている悩みを解決したい」というマイナスの欲求があります。マイナスの欲求を満たすためのキャッチコピーでは「こんなことに困っていませんか？」ということを描きましょう。

| 集客アップ | ★★☆☆☆ | 成約アップ | ★★★★★ | コンテンツ改善 | ★★★☆☆ |

悩みを解決したいというマイナス（マイナス回避）の欲求

成功法則43 に書いた通り、インターネットでものを購入する行為には「強い欲求」が必要になります。

強い欲求は、次の2つのタイプに分けることができます。

● 強い欲求のタイプ

タイプⒶ

もっとハッピーになりたい、
誰かをハッピーにしたいという欲求

本書では「プラスの欲求」と呼びます

タイプⒷ

悩みを解決したい、痛みや苦しみ
から逃れたいという欲求

本書では「マイナスの欲求」と呼びます

タイプⒶの人を動かすキャッチコピーについては、 成功法則43 を参照してください。

タイプ**B**の人は、**今まさに悩んでいることや、痛みや苦しみを抱えていて、それを解決してくれる商品、サービス、方法を探しています**。そういったお客様に対して、Webサイトでは次のようなキャッチコピーを用意しておきましょう。

例1 **マイナスのキャッチコピー**

ⓐ 初対面の人とうまく会話ができなくて、困っていませんか？

ⓑ 良いセミナーを企画しても、集客ができなかったらどうしよう？

ⓒ 野菜を食べてくれないお子さま、そのまま大きくなってもいいですか？

ⓓ ビジネスメールの書き方が、自己流だと危険です

ⓔ 1日5時間以上パソコンに向かう仕事、目のストレスはありませんか？

ⓕ 「海外留学をしたいけどお金がない」と悩んでいませんか？

どのキャッチコピーも、**お客様の困りごと、悩み、不安などをズバリ指摘するようなキャッチコピーになっています**。例えばⓐは、人見知りで消極的な性格の人に対して「初対面の人と会ったとき、なにを話したらいいかわからなくて、困っていませんか？」と呼びかけ「そういうことってありますよね」と**優しく寄り添うようなキャッチコピー**になっています。このキャッチコピーをクリックすれば「**私の悩みを解決する答えがあるかもしれない**」という期待をもたせるようなコピーです。

ⓑは「良いセミナーを企画しても、集客ができなかったらどうしよう？」と、**誰かの心の声を代弁するようなキャッチコピー**です。「私と同じ気持ちだ」「どうして私の気持ちがわかったの？」と**共感したお客様が、このキャッチコピーに引き付けられる**ことになります。

ⓓの「ビジネスメールの書き方が、自己流だと危険です」と**言い切る形で、多くのビジネスパーソンへの問題提起**を行っています。自己流でメールを書いていた人は、このコピーにドキッとして「**このままだと危険だ。どうすればいいんだろう**」という気持ちで、このキャッチコピーをクリックすることになります。

マイナスのキャッチコピーの作り方

マイナスのキャッチコピーは、お客様の視点にたって「この商品は、お客様のどんな悩みを解決できるだろう？」と想像してあげると作りやすいです。

例2 原文

介護士派遣サービスはじめました

例2 改善後

・「痴呆症の親を、自宅で、ひとりでみるのってツライ」と困っていませんか？
・「介護施設まで連れていくのがたいへん」と思っていませんか？
・悩みを「専門の介護士に直接相談してみたい」と思っていませんか？

「介護士派遣サービスはじめました」というのは、**企業側の一方的な情報発信**です。お客様に「自分に関係がある＝自分ごと」と思ってもらうためには「**お客様のどんな悩みを解決できるか？**」を考えましょう。このサービスを使うお客様が「**どんなことで困っているのかな？**」と考えることも大事です。

「痴呆症の親を、自宅でひとりでみるのってツライ」「介護施設まで連れていくのがたいへん」「専門の介護士に直接相談してみたい」などは「介護士派遣サービス」を利用する**可能性のあるお客様が抱えている悩みを代弁するキャッチコピー**になっています。お客様が「自分に関係ある＝自分ごと」と受け取りやすいキャッチコピーといえます。

例3 原文

あなたの実家の片づけ、お掃除します！

例3 改善後

・実家が森!?　草ぼうぼうになっていませんか？
・実家、庭、物置……カビ、ゴミ、汚れの心配は？
・「まさか、空き巣？」と不安になることはありませんか？

故郷を離れ、実家に両親だけが住んでいる人。または誰も住んでいない実家をもっている人。そんな人たちにとって、庭の手入れや部屋の掃除など心配なことはたくさんあります。「あなたの実家の片づけ、お掃除します」とサービスについて、**一方的に伝えるのではなく、お客様の悩みに寄り添うキャッチコピー**を考えましょう。

上記のキャッチコピーなら、実家のこと、両親のことを悩んでいる人が「**そう**

そう、そういうことで悩んでいたんだよ」と共感できます。いろいろと相談したくなるようなキャッチコピーです。

唐突に「あなたの実家の片づけ、お掃除します！」と書くよりも「こんなことで困っていませんか？」と呼びかけることによって、**安心感や親切な気持ち**までもが伝わります。

お客様の悩み、困りごとに寄り添う気持ちが大事

マイナスのキャッチコピーを書く際は「私たち（当サイト）は、**あなたの困っていることや悩んでいることを、しっかりとわかっていますよ**」という立ち位置が大事です。

「**私たちに任せてくれれば、あなたの悩み、困りごとを解決できますよ**」ということを訴えるようなキャッチコピーを考えましょう。

1. 「こんなことで困っている、悩んでいる」という人には、マイナスのキャッチコピーが効果的
2. マイナスのキャッチコピーを見ると、お客様は「このWebサイトは、私の悩みをわかってくれている。ここで相談すれば大丈夫」と安心感を覚える

商品名、サービス名を冒頭に押し出さないことが大事！

Webサイトの冒頭に「これを売っています」「こんなサービスをやっています」「これもできます」「あれもできます」と書いてあると、お客様はどんな印象を受けるでしょうか？
「何かを売り付けられるかもしれない」と警戒心を抱きますよね。
お客様は、商品を売り付けられたり、サービスを押し付けられたりすることが嫌いです。押し付けられるのではなく、自分で選びたい、選択したいと思っています。
Webサイトの冒頭には「商品名、サービス名」など売り手が書きたいことを書くのではなく、お客様にとっての「自分ごと」を表現することが大事です。
「お客様がこんなふうにハッピーになれますよ」「お客様のこんな困りごとを解決できますよ」ということを伝えましょう。プラスのキャッチコピー、マイナスのキャッチコピーは、お客様の「自分ごと」を表現するキャッチコピーの代表例です。

成功法則	売れるキャッチコピー③
45	# お客様に問いかけよう

人間の脳には反射神経が備わっていて、質問されると瞬間的にその答えを探そうとします。また、答えがわからないと気持ち悪い状態が続くため、答えを知るためにキャッチコピーをクリックして、その先へと進もうとします。問いかけのキャッチコピーは、インターネット上でお客様に行動させるために効果的です。

集客アップ	★★☆☆☆	成約アップ	★★★★★	コンテンツ改善	★★★★☆

脳の仕組みをキャッチコピーに活かそう

質問です。

> 質問：中学生のころ、好きだった芸能人は誰ですか？
> 質問：98＋3　答え、わかりますか？

読みながら「そういえば、私は中学のころ、●●さんが好きだったな」とか「足し算？　答えは101だけど……」と、答えを探そうとしましたか？

人間の脳には反射神経が備わっていて、**質問されるとその答えを考えて解答したくなる**ようにできています。脳のそういった性質を利用して、問いかけのキャッチコピーを作りましょう。断定的な文章は、右の耳から左の耳へと通過してしまうことも多いですが（スルーする）、問いかけのキャッチコピーは、脳が一度キャッチして、反応しようとするのです。

212

● 断定的な文章は、脳がスルーしてしまう

● 質問されると、脳は一度キャッチして答えを考え始める

問いかけのキャッチコピーの作り方

　問いかけのキャッチコピーの作り方は簡単です。文末を疑問形にするだけで出来上がり。断定的に言い切るのではなく「～とは？」「～ですか？」と疑問形で問いかけてみましょう。さらに「なぜ～なのか？」「～の理由とは？」「～の真実はいかに？」などとバリエーションをもたせてみましょう。

例1

国産の材料100%で作る、話題のチーズケーキ
　　　　　　↓
国産の材料100%で作る、話題のチーズケーキとは？

例2

心に響くキャッチコピーの作り方
　　　　　↓
心に響くキャッチコピーの作り方を知っていますか？

例3

100キロマラソンの疲れない走り方

⬇

100キロマラソンの疲れない走り方　疲れが残らない理由とは？

例4

オール2だった田中君の成績が、3ヶ月でオール4まで上がった

⬇

なぜ、オール2だった田中君の成績が、3ヶ月でオール4まで上がったのか？

　文末を「言い切る形」「断定」にしないで「質問形式」「問いかけ形式」に変えるだけで、読む人の気持ちを引き付けるキャッチコピーになります。

▍広告バナーのクリック率を上げるキャッチコピー

　「あれ？　なんだっけ？」と、なにかを思い出せなくて、気持ち悪い思いをしたことはありませんか？　**脳は「わからない状態のまま」でいると不安定になり、**落ち着かない状態に陥ってしまいます。こういった**脳の性質を、広告バナーのキャッチコピー作りに活用**しましょう。例えば、バナーに問いかけのキャッチコピーを入れ、その答えをWebサイトに掲載しておきます。

● バナー広告の問いかけ

英会話が上達する
3つの方法とは？

➡

英会話が上達する
3つの方法

① □□□□□□□□□□□
② □□□□□□□□□□
③ □□□□□□□□□□

英会話教室
無料体験の申込み

　「英会話が上達する3つの方法とは？」という質問形式のキャッチコピーを見ると、脳は「英会話が上達する方法って、どんな方法があるかな？」と答えを考え

はじめます。**答えを知りたい、答え合わせをしたいために、そのキャッチコピーをクリックしてその先を見ようとします**。バナー広告に問いかけのキャッチコピーを掲載し、クリックした先のWebサイトに、答えと関連商品を掲載しておくという販促方法の例です。

⚠ お客様に警戒されない親切なキャッチコピー

英会話教室が「無料体験への申込みを増やしたい」と戦略を練っています。「今すぐ無料体験にお申込みください」とバナー広告に書いた場合、「**英会話教室に申し込もうと思っていた**」という人にとっては良い**キャッチコピー**ですが、「英会話、そろそろやらなきゃ」「英会話、どうやって勉強しようかな」という段階で、**まだ英会話教室に行くことまで考えていない人にとって**はどうでしょう？「英会話教室に行くのは抵抗がある」という気持ちで、バナー広告をクリックしない可能性が高いです。

「英会話が上達する３つの方法とは？」というキャッチコピーは、**お客様に「売り込まれているような」感覚を与えません**。むしろ、上達方法を教えてあげるという**親切なキャッチコピー**です。バナー広告はクリックされてこそ価値があるもの。問いかけのキャッチコピーを使うことによって、**お客様に警戒されることなく、自然とWebサイトへ誘導することができる**のです。

「〜です」と言い切らずに「〜ですか？」と問いかけてみよう

「**質問されると答えたくなる」脳の仕組み**を利用して、いろんな形で問いかけてみましょう。キャッチコピーはお客様に注意を与えて**「ん？」と立ち止まってもらうこと**が目的です。言いきりの文では、スルーされてしまうので「〜ですか？」「〜ではないですか？」などと問いかけて、立ち止まってもらうように心がけましょう。

1. 質問されると答えたくなるという脳の仕組みを利用しよう
2. 問いかけのキャッチコピーは作り方が簡単！量産してみよう
3. 問いかけのキャッチコピーは、お客様に警戒心を抱かせない親切なキャッチコピーになる。ゆえにバナー広告に向いている

成功法則	売れるキャッチコピー④
46	**数字を入れてリアリティーを出そう**

「たくさんのリピーターから喜びの声が」と書くよりも「300人のリピーターから喜びの声が」と数字を入れた方が、インパクトが強く、リアリティー（真実味）もあります。「数字を入れられる場所はないかな？」と考えて、積極的に数字入りのキャッチコピーを作りましょう。

集客アップ	★★★☆☆	成約アップ	★★★★★	コンテンツ改善	★★★☆☆

■「長年」ではなく「80年」と数字を入れる効果とは？

カゴメの野菜ジュースには、次のようなコピーが付いています。

例1　カゴメ「つぶより野菜」のコピー

> カゴメが80年間
> つくりたくて
> つくりたくて
> 仕方がなかった
> 野菜ジュースです。

「長年」とか「時間をかけて」とか「創業以来ずっと」などと書かずに「80年」という具体的な数字を入れたほうが**インパクトが強く、リアリティーも生まれます**。このキャッチコピーは、Webサイトのファーストビューとしても使われています。**一瞬で人を引き付ける力のある、数字入りのキャッチコピー**の好事例です。

　80年というリアリティーのある数字をいれたことによって、お客様は「80年前からこだわりつづけ、研究、開発を行い、ついにできあがった野菜ジュース。**「きっとおいしいに違いない。きっと健康に良いに違いない」**というところまで想像します。

　「80」という数字は、他のひらがな、漢字、カタカナ文字よりも見た目に目立ちますので、5行にわたる文章が書かれていても、多くの人が「80」のところに目がとまります。**「目立つ」「目にとまりやすい」**という点でも数字入りのキャッチコピーは効果的です。

216

「6,000mg」か「6g」か？ 数字を大きく見せるコツ

　数字の表記の仕方によって、**数字を実際よりも大きく見せたり、小さく見せたり**することが可能です。ドクターシーラボのサプリメントのキャッチコピーには「6,000mg」という表記で書かれています。

> **例2** ドクターシーラボ「VC6000マルチビタミン」のコピー
>
> 1袋でビタミンC
> たっぷり6,000mg

「6,000」という数字が大きいので、とても多くのビタミンCが入っているように見えますが、**単位を変えれば「6g」**です。比較してみましょう。

> 1袋でビタミンCたっぷり6,000mg
> 1袋でビタミンCたっぷり6g

　どちらのキャッチコピーが「ビタミンCたっぷり感」が出ていますか？ 「6g」と書くよりも「6,000mg」と書いたほうが「たくさん入っている」という印象を与えますね。**大きく見せたいときは、数字の桁数を増やす**努力をしましょう。

⚠ 計算式を工夫して、数字を大きくする

　サントリーの「極の青汁」のバナーでは「**1億杯突破**」という大きな**数字**が目を引きます。日本の人口が1億2千万ちょっとですから、1億杯というと日本の人口に近い数字です。「1億杯」の下に注釈があり「1杯に1包使用」と書かれています。

　1箱30包入りや90包入りがあるので、箱数で計算すると「1億」には至らない数字になるでしょう。「**何箱売れているか**」「**何人が飲んでいるか**」ではなく「**何杯**」で計算したこ

● サントリー「極の青汁」の
　バナー広告とコピー

※2016年6月の時点で表示されたバナー広告です

とによって、キャッチコピーの破壊力が大きくなっています。

「3万円」か「1日たったの166円」か？ 数字を小さく見せるコツ

　数字を小さく見せたいときは、大きく見せる場合と逆なので、小さい数字を使用することが大事です。「VC6000マルチビタミン」の例では「6,000mg」と書くよりも「6g」と書いたほうが数字が小さいので、含有量も少なく見えます。さらに次のように工夫することによって、**お客様が感じる印象を小さく、安くすること**も可能です。

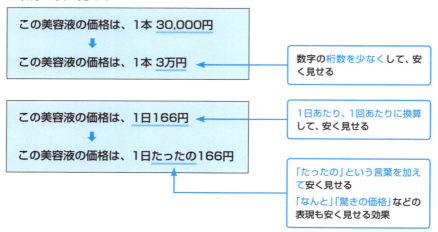

● 数字で安く見せる

　通販番組を見ていると、プレゼンターが「驚きの価格」「驚異の〇〇円をついに実現」「なんと〇〇円です」などと語っています。「いままでいくらだったのか」「ほんとうはいくらなのか」を知らなくても「なんだかすごく安そう」と感じてしまうのは**「驚きの」「驚異の」「なんと」などの言葉がもたらす印象**です。必要に応じて、このような形容詞、副詞を加える表現も利用してみてください。

買い物の決め手になる「数字」を積極的に使おう

　トレンド総研が2014年に「消費者のモノの選び方」に関する調査レポートを発表しました。これによると**「購入の際に"数字"を決め手にしている人が8割」**というデータがあります。20代から60代の男女500名を対象に行った調査で

す。価格表記、容量、有効成分量など、数字を決め手に購入している人が多いということがわかりました。

驚いたことに「その数字の信ぴょう性を確かめられる」と答えた人は3割。7割の人は「信ぴょう性の確かめ方には自信がないけれど、商品を購入している」ということがわかりました。つまり「数字が書いてある方が、なんとなく良さそう」という心理が働き、その心理は**お客様を購入に至らせる力**があるということです。キャッチコピーを作る際、「数字を入れることができないか」という視点をもつようにしてみましょう。「○%オフ」「○倍」「○人が購入した」などでもOKです。

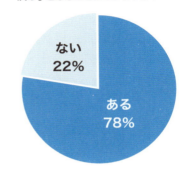

● トレンド総研の調査データ

Q. 商品に関する"数字"が購入のきっかけ・決め手となることはありますか？

ない 22%
ある 78%

出典（以下のページをもとに作図）
http://www.trendsoken.com/report/economy/789/

数字を入れよう、さらに数字の見せ方を工夫しよう

「たくさん」「はやい」「重い」などは漠然としていて、読む人の感覚によってイメージする数字が変わってしまいます。キャッチコピーに数字を入れて「たくさん→100個」「はやい→時速100キロ」「重い→1トン」と具体的に表記しましょう。**数字を入れると、信ぴょう性も高まります。数字を大きく見せる、小さく見せる工夫**も行いましょう。

1. 「たくさん」「多くの」などの漠然とした表現をやめて、具体的な数字を使おう
2. 表記の仕方を変えれば、同じ数字を大きく見せたり小さく見せたりすることが可能
3. 数字は買い物をするときの「決め手」になる。積極的に数字入りのキャッチコピーを使おう

219

成功法則 47	売れるキャッチコピー⑤ あるあるネタで共感を誘おう

情報化社会で、たくさんの情報があふれています。私たちは自分に関係ない ことを聞き流す「スルー上手」になっています。逆に考えると「自分に関係が ある（自分ごと）」情報だけが、お客様にキャッチされるのです。自分ごとと 思ってもらうためには「共感」してもらうのが近道。商品やサービスを売り込 むのではなく、共感してもらって、そこから興味をもってもらいましょう。

集客アップ	★★☆☆☆	成約アップ	★★★★☆	コンテンツ改善	★★★☆☆

「あるある探検隊」に学ぶ「共感」の居心地の良さ

　日常生活のなかで、**誰でも体験したことがあるような「あるあるネタ」**。「ある ある探検隊、あるある探検隊」のリズムに乗せて、次のようなネタを行いブレイ クした「レギュラー」というお笑いコンビを知っていますか？

- ・高級料理ではらこわす
- ・質問したのに怒られる
- ・夢はあるのに職が無い
- ・遊びの途中でムキになる
- ・消しゴム買ってもすぐなくす
- ・とにかく叩いて物直す

「あるあるネタ」は、**誰でも一度は体験したことのある共通点**。自分が実際に体 験したことがなかったとしても**「そういうことって、ありそうだよね」と想像 できる範囲**であれば「あるある」と共感してもらえます。何気ない日常の出来事 ですが**「他の人も同じ体験をして、同じことを感じている」**と知ることによって、 **安心感や居心地の良さを感じます。**

　このように**「共感」は、人の興味、関心を引き、コミュニケーションを育むき っかけ**になります。Webサイトには、お客様に共感してもらえるようなキャッチ コピーを掲載しておきましょう。

「共感できますか?」あるあるネタのキャッチコピーの例

　あるあるネタで作られたキャッチコピーの例です。人によって共感できる、共感できないはあると思いますが、思わず共感して、クリックしたくなるようなキャッチコピーを並べてみました。

例1

> 食後の片づけ、めんどくさい…
> （トクラス株式会社）

　主婦が共感しやすいキャッチコピーです。**「そうそう、そうなのよ」と共感**した主婦がクリックすると、システムキッチンのWebサイトが表示されます。食後の片づけが楽になる「食器洗い乾燥機付きのシステムキッチン」を見せるような導線が作られています。

例2

> 亭主元気で留守がいい
> （大日本除虫菊株式会社）

　ドキッとするキャッチコピー、皮肉めいたキャッチコピーとしてヒットしました。長年連れ添った夫婦のなかには「亭主といっしょにいる時間が苦痛」と感じる妻もいます。だからといって「亭主」が病気になっても困ります。元気で、外で働いて、しっかり稼いでほしいという主婦が**「そういう気持ち、あるある」と共感**するキャッチコピーになっています。

例3

> 女子トイレがとっても混雑しているのは、落ちやすい口紅にも責任があると思います
> （コーセー）

　オフィスに勤める**女性会社員の「あるあるネタ」**です。会社の女子トイレは、昼休みに限らず、いつでも混んでいるもの。なかには、化粧直しのためだけにトイレを利用する人もいるのです。特に口紅は、飲み物を飲んだり、お菓子を食べたりするだけでも落ちてしまいがち。「口紅が落ちにくければ、化粧直しの回数も

減って、トイレも混雑しなくなるかもしれない」というキャッチコピーで、**女性たちの共感を誘っています。**

> **例4**
>
> はやい、うまい、やすい
> （吉野家）

　忙しいビジネスパーソンの気持ちを代弁するようなキャッチコピーです。仕事で忙しいビジネスパーソンは、ゆっくりランチを食べている時間がありません。「少ないお小遣いしかもっていなくても、おいしいランチが食べたいよね」と考えるビジネスパーソンの共感を得ることをねらったキャッチコピーです。

　上記の例のように、**共感のキャッチコピーを作るときは「誰に共感してほしいのか」を考えることが大事**です。「食後の片づけ、めんどくさい……」というキャッチコピーは、学生よりも主婦からの共感が多くなるでしょう。「はやい、うまい、やすい」は、富裕層の主婦ではなく、男性会社員の共感を得やすいのです。

共感マップを使って、共感キャッチコピーを作ろう

　あるあるネタのキャッチコピーを作るためには、お客様がどんなことに共感するのかを知らなければ作れません。**共感マップ**というツールを使ってみましょう。次ページに掲載した中央のイラストのところに、お客様のイメージを想定します。そのお客様がどんな思考をしているかを考えていきます。

　例えば、英会話スクールのキャッチコピーを考えるときに、次のページのような共感マップを描いてみました。中央には、ターゲットとなる入社2年目のビジネスパーソン。以下の視点で、お客様の心を探っていきます。

● 共感マップの視点

> ・何を見ているのか
>
> ・何を聞いているのか
>
> ・何を考え、何を感じているのか
>
> ・何を言って、どんな行動をしているのか
>
> ・顧客の痛みとは何か
>
> ・顧客の得られるものは何か

● 「共感マップ」の作成例

何を考え、何を感じているのか？
- 海外出張がある会社に入社して2年 そろそろ海外出張に行きたい
- 英語がペラペラになりたい
- 同じ部署に英語ができる後輩が入ってきた。焦る
- 学生のころ、もっと勉強しておけばよかった

何を見ているのか？
- 英語ができるカッコいい同僚たち
- 海外で活躍するビジネスパーソンの姿
- 最寄り駅にある英会話教室
- 海外で英語が学べるというWebサイト
- 書店に並ぶ英会話の本

何を聞いているのか？
- 「英語がしゃべれるのって、カッコいい」
- 「英語くらいできないと、社会人としてダメじゃない？」
- 外国の音楽を聞いている
- Podcastで英会話を聞いている
- 海外出張、海外赴任の楽しさ、やりがいについて上司や同僚から話を聞いている

入社2年目のビジネスパーソン

何を言って、どんな行動をしているのか？
- 「英会話、できるようになりたい」
- 「英語は苦手だったけど、がんばるぞ」
- 短時間で英会話が上達する方法を探している

痛みを与えるもの
- 聞き取れない英語で、外国人に話しかけられること
- 社内の英語重視の風潮
- 英単語がなかなか覚えられない

得られるもの
- 少しずつではあるが、英語が分かるようになってきた
- 字幕を見なくても、外国映画が見られるようになってきた
- 外国人の友だちができた

お客様の内面を具体的にイメージできると、以下のようなコピーが浮かびます。

例5　共感マップをもとに作成したコピー

- 英語ができる「カッコいい」男になりたい！
- 英語ができる後輩の存在に、ひやひやしていませんか？
- 英単語が覚えられなくても大丈夫！しゃべって上達、聞いて上達する英会話スクール
- 中学のころ、もっと英語と勉強しておけばよかった…とお嘆きのあなたへ

これらのキャッチコピーは、すべて**「共感マップ」に書かれた言葉をもとに作ったキャッチコピー**です。逆にいうと、共感マップを描かなければ、これらのキャッチコピーを作るのは難しかったと言えます。

お客様を具体的にイメージすることによって、お客様がどんなことに共感するのかが見えてきます。

■ ノスタルジーと郷愁で「あるある」を狙おう

初めて出会った人と仲良くなるときに、子どものころに流行った遊びや歌、好きだった歌手や映画などの共通点を見つけることはありませんか？　私たちは、**過ぎ去った過去を懐かしく思い出す気持ち**をもっています。昔話で盛り上がって気持ちが和み、ほっとする瞬間があるものです。

私の世代でいうと、ベーゴマ、石けり、竹馬、缶けり、竹とんぼ、ビー玉、メンコなどが子どものころに流行った遊びです。「昭和生まれ」というだけでも、**親しみを感じます。**

テレビ番組の「秘密のケンミンSHOW」が長寿番組になりつつあります。故郷の「あるあるネタ」を語り合う番組が多くの人の支持を得ていることからも、「**故郷を思いやるキャッチコピーが心に響くのでは？**」ということがわかります。

例6 ｜郷愁を誘うコピーの例

- **ⓐ** 丸いちゃぶ台の前で待っていた。母さんが作る味噌汁の味
- **ⓑ** 10円にぎりしめて駄菓子屋さんに行くようなワクワク感を再び
- **ⓒ** キン消しを夢中で集めていた当時の男子に！

ⓐのキャッチコピーは、**昭和初期のころを思い出させるキャッチコピー**です。昭和初期のころは、丸いテーブルを食卓として利用する家庭が多くありました。母親が作る味噌汁の味を思い出し、家族そろって食事をするシーンを思い出し、共感を誘います。

ⓑのキャッチコピーは、ワクワク感を共感させるために作ったものです。1個1円、3円、5円などで駄菓子が買えた時代。10円もっていれば、複数のお菓子が買えました。

ゲームセンターなどもなかった時代。**10円握りしめて駄菓子屋さんに走っていったときのワクワク感を思い出せる人にとって、このキャッチコピーは「すごく楽しみで、興奮するようなワクワク感」**として伝わります。

◉に出てくる「キン消し（キン肉マン消しゴム）」は、1980年代に流行ったグッズです。消しゴムとして使うのではなく、いろいろな種類のキン肉マンのキャラクターを集めて遊ぶのが流行りました。「キン消しを夢中で集めていた当時の男子に！」と呼びかけたら**「はい」と多くの男性を振り向かせる**ことのできるキャッチコピーです。

誰に共感させたいかをピンポイントで決めて、共感させよう

　共感のキャッチコピーを作る際は**「誰に共感させたいか」**を考えることが大事です。「誰に共感させたいか」が決まれば、その人が**「何を考えているか」「どんなことに興味があるか」「どんな言葉に反応しやすいか」が具体的**になってきます。情報がスルーされやすい時代です。**「自分に関係があることだ＝自分ごと」**と思ってもらうために、共感のキャッチコピーを作りましょう。「誰にでも響くように」と万人受けを狙うのはNGです。**誰かひとりをピンポイントで狙って、その人になんと言ったら「共感してもらえるか」**と考えましょう。

1. 日常生活のちょっとした出来事を「あるあるネタ」にして、共感されるキャッチコピーを作ろう
2. 共感マップで、お客様の関心事を具体的に探ろう
3. 共感してもらうためには「誰に共感してほしいのか」を決めることが大事
4. ノスタルジーと郷愁で共感を誘おう

成功法則	売れるキャッチコピー⑥
48	ハロー効果で権威付けしよう

「東京大学○○研究室との共同開発」「○○賞を5年連続で受賞」などは、相手が「これはすごい」と納得するような「お墨付き」を利用したキャッチコピーです。心理学のハロー効果を利用したキャッチコピーは、商品そのものをより素晴らしく見せる効果があります。

集客アップ	★★★★☆	成約アップ	★★★★★	コンテンツ改善	★★★☆☆

■ ハロー効果を利用した権威付けのキャッチコピーとは

想像してみてください。

電車のなかで、ビジネス誌を読んでいるスーツ姿の男性と、週刊マンガ雑誌を読んでいるTシャツ、短パンの男性がいたとします。あなたはどちらの男性を「仕事ができそう」と思いますか？　多くの人が「ビジネス誌を読んでいる男性のほうを仕事ができそう」と感じるのではないでしょうか？

上記のような比較の場合、どちらの男性が「仕事ができるか」について、ほんとうのところ（真実）はわかりません。それなのに私たちは、**部分的な特徴（ビジネス誌、スーツ姿）に対して「良い評価」を与えてしまった**のです。心理学的にこれを「ハロー効果」と呼びます。ハロー効果は、後光効果、光背効果とも呼ばれ、マーケティングにも用いられています。

■ 子どものころから使っていたハロー効果の2タイプ

子どものころ、お母さんにこんなことを言った経験はありませんか？　実は私たちは、子どものころからハロー効果を使ってきました。

子ども　：「お母さん、ゲーム買って」
お母さん：「なに言ってんの、ダメよ、勉強しなさい」
子ども　：「だって、みんなもってるよ」
お母さん：「みんなって、誰よ」
子ども　：「クラス委員長の田中君とか、学年でいちばん頭が良い山本さんとか、みんなだよ」

226

子どもは「クラス委員長の田中君とか、学年でいちばん頭が良い山本さん」という**優秀な友だちの名前を出すことによって、彼らの「権威」を利用している**のです。つまり、**相手を説得できるだけの「権威のある名称」を出せるかどうか**が、決め手になります。

もうひとつ、会話を見てください。

子ども　：「お母さん、ゲーム買って」

お母さん：「なに言ってんの、ダメよ、勉強しなさい」

子ども　：「だって、みんなもってるよ」

お母さん：「みんなって、誰よ」

子ども　：「聞いてみたら、クラス40人中38人ももっていたよ」

子どもは「クラス40人中38人」という**圧倒的な人数**（クラスの95%という割合）を示すことによって、「ゲームを買うこと」の意義を母親に伝えようとしています。「クラス40人中5人」では説得力が足りません。相手を納得させるだけの**「権威」のある数字を示せるかどうか**が、決め手になります。**権威付けには、次の2タイプがあります。**

● 2タイプの権威付け

- 相手を説得するだけの「権威のある名称」を出す
- 相手を納得させるだけの「圧倒的な数字」を示す

「権威付け」のキャッチコピーの例①
「権威のある名称」を出す

例1　「権威のある名称」による権威付けの例

- 高級ホテルで使っているバスタオル
- アカデミー賞3部門でオスカーを受賞した映画
- 皇室御用達の食器セット
- モンドセレクションの最高金賞のアイスクリーム

227

「高級ホテル」「アカデミー賞」「皇室」「モンドセレクションの最高金賞」という名称を書くことによって「**こんなすごいところのお墨付きがある**」と権威を与えています。「さぞ高級なんだろう」「さぞ素晴らしいのだろう」「さぞ作りがしっかりしているのだろう」などという印象が出ます。

商品やサービス等に対して**良いイメージを強めることができれば**、権威付けのキャッチコピーとしては成功です。

「権威付け」のキャッチコピーの例②
「圧倒的な数字」を示す

例2 数字による権威付けの例

- 100万人がおいしいと言ったドレッシング
- ユーザーの8割がリピートしているチョコレートケーキ
- 老舗和菓子店で80年使用している黒糖
- 楽天ランキングで3ヶ月連続1位

「100万人」「8割」「80年」「3ヶ月連続1位」のところに数字が入っています。「こんなにたくさんの人がおいしいと言っているドレッシングなのだから、さぞおいしいのだろう。私もおいしいと感じるはず」という想像ができます。「8割リピートしている」というコピーも**おいしさを確信させる言葉**です。

「老舗和菓子店で80年使用している黒糖」は「老舗和菓子店」という**名称でも権威付けを行い、さらに「80年」という数字でも権威を与えています。**

「楽天ランキングで1位」よりも「楽天ランキングで3ヶ月連続1位」の方が強いキャッチコピーになりますので、**数字を複数使える場合は積極的に入れ込みましょう。**例えば、数字を3回使おうと思うと、以下のようなキャッチコピーになります。

例3 数字による権威付けの例

楽天ランキングで1位

⬇

楽天ランキングで3ヶ月連続1位

⬇

楽天ランキングで3ヶ月連続、店舗数3,000店中1位

⚠ 有名な賞、大きい賞、1位にこだわらない
「賞の名称だけ」「○位」だけでもキャッチコピーになる

○○賞受賞と書くときに「こんな無名な賞でも書いていいのかな？」と不安になることがあるかもしれません。「有名な賞を受賞した」と書ければベストですが、**有名な賞を受賞するまで待っている必要はありません**。

例えば、インターネット通販の「楽天市場」には「年間MVP」「エリア別MVP」「月間MVP」「週間MVP」などがあります。ジャンルも「食品」「日本酒・焼酎」「ワイン」「ビール・洋酒」「水・ソフトドリンク」「ゴルフ」「スポーツ・アウトドア」など30以上に分かれています。他にもメールマガジン賞、スマイル賞、あす楽賞などがあり、お客様の立場から考えると、どの賞がどのくらいの難易度で、どのくらい価値のあることなのかよくわかりません。

お客様が購入するときに感じることは「賞の大きさはよくわからないけれど、**楽天で賞をもらっているお店だから安心だ**」ということです。**店舗側としては「小さな賞だから」と謙遜する必要はありません**。Webサイトの目立つところに、受賞のバナーを掲載して、権威付けに役立ててください。

また順位も「『1位』じゃないのに書いてもいいのかな？」と不安に思った場合も同様です。「1位」がベストですが、「2位」「5位」でも書かないよりは書いたほうが権威付けにつながります。以下の例のように**「ついに」「急上昇」などと勢いのつく言葉**を加えるなども検討してみましょう。

例4 コピーに勢いを付ける

ハンドクリーム
　↓
楽天ランキング5位！ ハンドクリーム
　↓
楽天ランキングでついに5位まで急上昇！ ハンドクリーム

⚠ 二つの言葉で権威付け

例5

東京大学○○研究室との共同開発

「東京大学」は日本の学力トップの大学です。頭の良い人たちと一緒に開発した

229

商品なら**「きっと良いものに違いない」というイメージ**がわきます。さらに「〇〇研究室」と書くことによって、**より具体的でリアリティーのあるキャッチコピー**になっています。

「研究室」と書けば「東京大学の学生がひとりで思いついた」ものではなく「教授と複数の学生がチームとなって研究した」という印象が出ます。東京大学〇〇研究室との共同開発」というキャッチコピーは「東京大学」と「〇〇研究室」という**2つの言葉で権威付けしている**例です。

ひとつのキャッチコピーのなかに、**権威付けの言葉を複数入れると、キャッチコピーにリアリティーが増し、キャッチコピーとしてのパワーが高まります。**

例6 **2つの言葉で権威付け**

東京大学との共同開発

↓

東京大学〇〇研究室との共同開発

↓

東京大学田中教授率いる〇〇研究室との共同開発

⚠ 適切な人、団体名で権威付け

「適切な権威付け」ができている例として、ドクターシーラボのキャッチコピーを紹介します。

例7 **適切な権威付けの例**

皮膚科の専門家が作ったメディカルコスメのスキンケア（ドクターシーラボ）

基礎化粧品は、たくさんのメーカーから売り出されています。**他社との差別化を行う**ために、ドクターシーラボは「ドクターとの共同開発」を行っています。そのとき**「皮膚科の専門家」と組んだ**という点が大事です。「東京大学の〇〇研究室」との共同開発でも良いですが、販売する商品が皮膚に直接付ける化粧品のため「皮膚科の専門家」と組んだほうが、より安心感が出せるのです。

権威付けのキャッチコピーを作るときは「商品にどんな権威を与えるのが最適か」を吟味することが大事です。

⚠ 権威付けには証拠が必須

権威付けのキャッチコピーを書いたら、**その証拠になることも付け加えましょう**。「●●賞を受賞した」のであれば、受賞式の写真や受賞バナー等を掲載することが可能なはずです。「●●人が絶賛」と書くのであれば、絶賛している声を数人でも良い

ので掲載しましょう。アンケート結果を掲載するのも効果的ですし、動画インタビューを掲載できるとリアリティーが増します。実験結果などのデータがあれば、より信ぴょう性が増します。

権威付けのキャッチコピーは**買い物を迷っている人に安心感を与え、売上げアップに貢献**します。お客様を裏切らないためにも、証拠となるものを一緒に掲載できるとベストです。

適切な権威付けで信頼度アップのキャッチコピーを作ろう

権威付けのキャッチコピーを作るときは「権威のある名称」を出す方法と、「圧倒的な数字」を示す方法の2種類があります。適切な権威を使って、**お客様に信頼感、安心感**をもってもらうように心がけましょう。

1 心理学のハロー効果を利用した権威付けのキャッチコピーを掲載しよう
2 外部の権威を借りることによって、より素晴らしい商品に見せることが可能
3 大きな賞だけでなく、小さな賞も権威付けになる
4 権威付けのキャッチコピーには、証拠になる事実も掲載できるとベスト

成功法則 49 売れるキャッチコピー⑦ チラ見せで「もっと見たい」を誘う

最初にすべてを見せてしまうのではなく、全体像の一部分だけをチラッと見せるキャッチコピーを作りましょう。一部だけしか見えないときに、お客様は「もっと見たい。その先が知りたい」と興味関心が高まります。

| 集客アップ | ★★☆☆☆ | 成約アップ | ★★★★☆ | コンテンツ改善 | ★★★☆☆ |

チラ見せのセクシー感をキャッチコピーにも活かす

　ビジネス書にこんなことを書いて良いのかわかりませんが、異性の胸元が少しだけ見える写真にドキッとしたことはありませんか？　大胆に肌を露出するよりも、肌の一部分が**「見えそうで見えない」という状態**のときがもっともセクシーで、「もっと見たい、どうしたら見えるのだろう？」という興奮を誘います。

　ビジネスシーンでも同じです。人は一部分だけを知って全体がよくわからない状態のときに、**「もっと知りたい、全体を把握したい」**という欲求がうまれます。これを、チラ見せ効果と言います。

　テレビ番組の冒頭でも、番組の一部分をチラッと見せて「続きはCMのあとで」とつなぎます。**「この後どうなるの？」**ともっと先を知りたくて、視聴者は番組を変えることができなくなるのです。

例1　チラ見せキャッチコピーの例

営業を効率化するスマホアプリとノート術

営業を効率化するスマホアプリと○○○
営業を効率化するスマホアプリともうひとつ

　営業を効率化するツールが「スマホアプリとノート術である」と全体像を見せてしまうと「あーその話か」と全体像を把握したお客様は、この時点で離脱してしまいます。「ひとつはスマホアプリだとしても、もうひとつは何だろう？　知りたい」と思わせるのが「スマホアプリと○○○」「スマホアプリともうひとつ」のキャッチコピーです。両方とも伏せて「営業を効率化する2つのツールとは」と

してもOKです。

どの言葉を露出しどの言葉を隠すか、
判断のポイントは？

　チラ見せのキャッチコピーを作るときに、どの部分を隠してどの部分を露出するかは頭を悩ますところです。迷ったら「**お客様を引き付ける力がある言葉かどうか**」で判断してください。

例2 原文

> オレンジジュースが3名様に当たる！　夏のキャンペーン本日スタート

　こちらもお客様の心理によりますが、「な〜んだ、オレンジジュースか」「たったの3名か」と思われてしまうかもしれない……と判断すれば、以下のようにチラ見せにしたほうが、お客様を引き付ける力はアップするでしょう。

例2 改善後

> ・○○○が3名様に当たる！夏のキャンペーン本日スタート
> ・オレンジジュースが○名様に当たる！夏のキャンペーン本日スタート
> ・○○○が○名様に当たる！夏のキャンペーン本日スタート

　注意点は、あくまでも「チラ見せ」に徹するということです。

> ○○○が○名様に当たる！　○のキャンペーン○○日スタート

　などと、**隠し過ぎてしまうと逆効果**です。頭に入ってくる言葉、引っかかる言葉がまったくなくなってしまいます。「夏のキャンペーン本日スタート」を書いておくことによって、お客様に「夏のキャンペーンか。いいことありそう。今日からスタートか」と、ワクワク感を与えることができるのです。

　すべてを隠してしまうと、お客様によっては「バカにされている」ような感覚を覚える人もいるかもしれませんので要注意です。隠し過ぎて逆効果になってしまっている失敗例をもうひとつ紹介します。

233

例3 改善失敗例

ハワイ旅行が1名様に当たる！ 夏のキャンペーン本日スタート

○○○旅行が○名様に当たる！ 夏のキャンペーン本日スタート

「ハワイ旅行」という言葉は、インパクトが強いです。**インパクトの強い言葉は、隠さずに見せておいたほうが効果的**です。「1名」のほうは「なんだ、たった1名しか当たらないのか。きっと無理だろうな〜」と思われてしまう可能性があるので、隠します。

例3 改善成功例

ハワイ旅行が1名様に当たる！ 夏のキャンペーン本日スタート

ハワイ旅行が○名様に当たる！ 夏のキャンペーン本日スタート

「ハワイ旅行」を見たお客様は「ハワイ旅行、すごい」と思い、応募しようと試みます。「何名に当たるんだろう」ということも気になって、先へ進むことになるので、チラ見せのキャッチコピーとしては「ハワイ旅行が○名様に当たる！ 夏のキャンペーン本日スタート」と表記しておくのが良いでしょう。

「もっと先が知りたい」と思わせるために どこを隠せば良いかと考えよう

チラ見せのキャッチコピーは、キャッチコピーの一部を隠すだけなので、作り方は簡単です。**「どこを見せて、どこを隠すか」がチラ見せキャッチコピーのポイント**です。お客様の立場に立って、最もワクワク、ドキドキするようなところを隠し「そこが見たい」「もっと先が知りたい」と思わせましょう。

1. 全体を露出せず、一部を隠すチラ見せのキャッチコピーを作ろう
2. 露出する言葉、隠す言葉の判断基準は「言葉に引き付ける力があるかどうか」
3. 隠し過ぎると逆効果！「もっと見たい」と思わせるギリギリのところを演出すべし

| 成功法則 50 | 売れるキャッチコピー⑧ まさか! そんな? 王道を否定しよう | 4 キャッチコピーライティング 一瞬で引き付ける! |

Webサイトのキャッチコピーの目的は「一瞬でお客様の心をつかむこと」です。ある意味、お客様をびっくりさせることでもあります。「当たり前のことを否定する」という方法で、お客様に驚きを与えましょう。一般常識を否定されるので、お客様にとっては衝撃の大きいキャッチコピーになります。

| 集客アップ | ★★☆☆☆ | 成約アップ | ★★★★☆ | コンテンツ改善 | ★★★☆☆ |

常識を否定すると、衝撃的なキャッチコピーができる

「聞き流すだけ」で英語が上達するという「スピードラーニング」のキャッチコピーがあります。英会話が上達したい人は単語を覚えたり、ネイティブと会話したり、英会話教室に通ったりと、いろんな方法で勉強します。**「英会話ができるようになるためには、勉強が必要不可欠」**という考え方が一般的な認識です。それを否定するように「聞き流すだけ」と言い切ったスピードラーニングのコピーには、大きな驚きがありました。

「ほんとうに、聞くだけで上達するの?」と疑いながらも真実が知りたくて、多くの人がこのキャッチコピーをクリックして英会話教材のWebサイトへと訪問したことでしょう。

⚠ 思い切って常識を否定する

書籍のタイトルも、キャッチコピー的に作られているケースが多いです。書店の棚に並んだたくさんの本のなかから、いかにしてお客様に手に取ってもらうかで、本の売れ行きが変わります。書籍のタイトルにも、インパクトが必要になります。

歯科衛生士の豊山とえ子さんの『歯は磨かないでください』という書籍。「歯は毎日磨くもの」という常識をバッサリと否定しています。このタイトルを見た人は「え? 歯を磨かなくていいの? 歯を磨くなって、どういうこと?」とその理由を知りたくて、書籍を手に取ることになります。

王道(一般常識)を否定した、見事なキャッチコピーです。

235

王道否定のキャッチコピーの作り方

　作り方は簡単です。当たり前のことや一般常識を文章にして、それを否定するだけです。

● 王道否定の例①

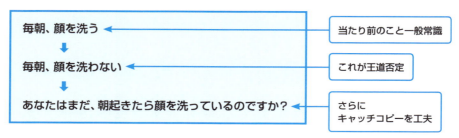

　朝は顔を洗うのが一般常識なので「顔を洗わない」というコピーを見ると「え？　どうして？　顔を洗わないでどうするの？」という**驚きの気持ちがうまれます**。「毎朝、顔を洗わない」というキャッチコピーをそのままWebサイトに使ってもOKです。さらにキャッチコピーを工夫して、**問いかけのキャッチコピーにアレンジ**することも可能です（ 成功法則45 ）。

　クリックした先に「顔を洗ったのと同じようにきれいになるウェットティッシュのような商品」が置いてあれば、お客様も納得です。

● 王道否定の例②

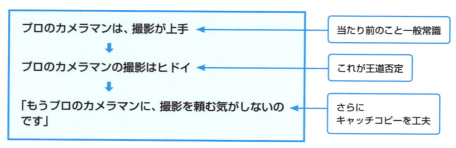

　「プロのカメラマンなら、撮影はきっと上手だろう」というのが一般常識。「プロのカメラマンの撮影はヒドイ」というコピーを見ると「なぜプロなのに、ダメなの？」という**驚き、疑問がわいてきます**。「プロのカメラマンの撮影はヒドイ」というキャッチコピーをそのまま使ってもOKです。さらに加工して「もうプロの

カメラマンに、撮影を頼む気がしないのです」と、**お客様の声のようなキャッチコピー**を作っても良いでしょう。

⚠ 否定した責任をとって、お客様を納得させるコンテンツ

　書籍『歯は磨かないでください』は、歯科衛生士の著者が「正しいオーラルケア」について書いています。「歯の病気にならず、健康に暮らすためには、普通の歯ブラシで毎日歯を磨いていれば良いというものではないんですよ」ということを、丁寧に解説した本です。書籍を読めば「歯は磨かないでください」という書籍タイトルの意味を理解できるようになっています。

インパクトが強いので、使い過ぎや根拠なしでは逆効果

　「王道否定のキャッチコピー」は世の中の常識や、誰もが正しいと思っている**正論を真っ向から否定するキャッチコピー**です。インパクトが大きいので、このキャッチコピーばかり使っていると「嘘ばかり書いてある」「常識外れのことばかり書いてある」と、**逆に不信感をもたれてしまう可能性**もあります。他のキャッチコピーも取り入れながら、インパクトを与えたいときに「王道否定のキャッチコピー」を使うと良いでしょう。

　また、王道否定のキャッチコピーを使って言い放つだけになってしまうと、お客様の信頼を失う原因になってしまいます。キャッチコピーの先に、**王道否定した真実の理由をしっかりと書く**ようにしましょう。

1. 王道否定のキャッチコピーは、お客様へのインパクト（衝撃、驚き）が大きい
2. 作り方は簡単。一般常識を書いて否定するだけ
3. 王道否定したら、その先に「お客様を納得させるコンテンツ」が必要

成功法則	売れるキャッチコピー⑨
51	**大手サイトのルールを目安にする**

キャッチコピーの文字数を考えます。キャッチコピーが短すぎると伝えたいことが伝えきれず、長すぎると焦点がぼやけてしまいます。「キャッチコピーの長さを何文字にするか」を考えるとき、人気ポータルサイトのキャッチコピーを目安にしましょう。

集客アップ	★★★★☆	成約アップ	★★★☆☆	コンテンツ改善	★★☆☆☆

キャッチコピーの文字数は何文字で書く？

キャッチコピーを作るとき「長いキャッチコピーと短いキャッチコピーは、どちらが効果的なのか？」「Webサイトで最適なキャッチコピーは何文字なのか？」と悩むことがあります。

基本的には「**そのキャッチコピーがWebサイトのどの場所に掲載されるか**」によって考えるべきだと思います。

Webサイトを制作する際は、制作工程の途中で**ワイヤーフレームという「枠組み」**が作られます。ワイヤーフレームでは、キャッチコピーの入る場所が指定されています。決められた枠のなかに長いキャッチコピーを入れ込もうとすると、フォントを小さくしなければなりません。せっかく良いキャッチコピーができても、**フォントが小さくて読みにくくなってしまっては本末転倒**です。

長いキャッチコピーを入れたいがために、枠を大きくすることも可能ですが、デザインが崩れてしまうという危険性もあります。**デザインとコピーとのバランス**を取りながら、Webサイトを作っていきましょう。

238

● ワイヤーフレームの例

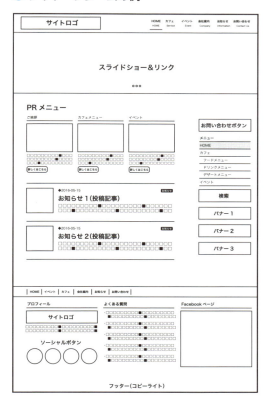

Yahoo!JAPANに学ぶ13文字のキャッチコピー

　キャッチコピーの文字数は、人気のあるポータルサイトを参考にすることもできます。

　Googleと並び「日本の2大検索エンジン」と言われている「Yahoo!JAPAN」では、**ヤフーニュースのトピックを「13文字以内のキャッチコピーで作る」というルール**があるそうです。テレビの特集で「Yahoo!JAPANの13文字のキャッチコピー」の話題が取り上げられたことがあります。

　第1章の 成功法則01 にも書きましたが**「Webサイトは縦スクロールのメディア」**です。お客様の視線は、Webサイトの上を「縦に縦に」と走っていきます。視線を横に動かすことは、お客様にとってストレスになると心得ましょう。視線を横に動かさずに「カシャ、カシャ」写真を撮るかのようにWebサイトを見て、縦

に縦にと進んでいくとしたら、**文字数は短いほうが良い**です。「短い」というのは主観によって異なりますので、**Yahoo!JAPANを参考に13文字を目安**に考えると良いでしょう。

● Yahoo!JAPANの13文字のキャッチコピー

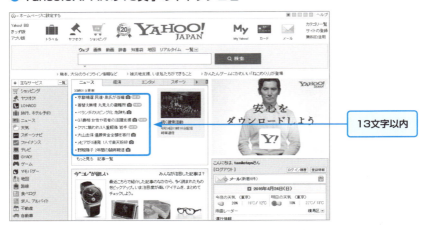

「Yahoo!JAPAN」のサイトをスマホで見てみましょう。トップページ（すべて）は、13文字を目安としたキャッチコピーが並んでいて、1行に収まってスッキリと見えます。

● スマホで見たときの Yahoo!JAPANサイト

人気Webサイトのキャッチコピーの文字数は？

　電車の中吊り広告に目を奪われたことはありませんか？　芸能ネタ、スポーツネタ、政治ネタなどいろいろありますが、電車の中吊り広告は秀逸です。広告掲載料金がとてつもなく高額なので「**下手なキャッチコピーは載っていない**」と言えるかもしれません。雑誌のキャッチコピーや、人気Webサイトも同様です。既に**完成されている媒体のキャッチコピーから**、「**キャッチコピーの作り方**」や「**キャッチコピーの文字数**」**を参考に**しましょう。

「はてなブックマーク」や「NAVERまとめ」などは「たくさんの記事のなかから、いかにして自分の記事をクリックさせるか」を競い合っているWebサイトです。
「**はてなブックマーク**」**は13文字×3行以内**でキャッチコピーを作っています。「**NAVERまとめ**」**は16文字×2行以内**です。「Yahoo!JAPAN」は文字だけで勝負していましたが、「はてなブックマーク」と「NAVERまとめ」は、アイキャッチになる画像とキャッチコピーのセットで作られています。画像がある場合は、画像の影響によってクリック率が左右されることもありますが、こういったWebサイトの文字数も参考にしてください。

● 「はてなブックマーク」は13文字×3行

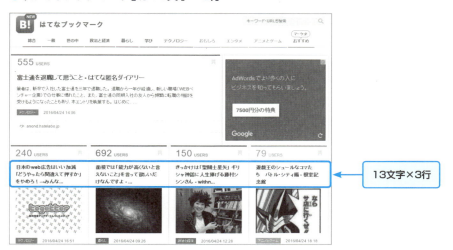

● 「NAVERまとめ」は16文字×2行

スマホアプリのキャッチコピーの文字数は？

　パソコンよりもスマートフォンユーザーが増えてきている状況を考えると、「スマホでどう見えるか」を常に意識する必要もあります。例えば「SmartNews」のアプリでは、トップページとカテゴリーページとで、記事の見せ方が異なります。

　どちらも長さは**10文字前後で、2行〜4行**で作られています。「SmartNews」は一例です。キャッチコピーの文字数を考えるうえで、スマホでどう見えるかという点も忘れずの考慮していきましょう。

● SmartNewsのトップページ

文字数を少なくするほど、キャッチコピー作りは難しい

「Yahoo!JAPAN」のキャッチコピーが13文字を目安に作られていることは、ひとつの指標です。お客様が「Webサイトをどんなメディアで見ているか」によって、「またはどんな設定で見ているか」によって「見え方が変わる」ということを理解しておきましょう。

文字数は少なければ少ないほど、**言葉選びが難しく**なります。**「どの言葉を使えばお客様の心を捉えられるのか」**を考えて、「言葉」の1語1語を大切にしましょう。

1. キャッチコピーの長さは「どこに掲載されるのか」で考えよう
2. 「Yahoo!JAPAN」のキャッチコピーの文字数＝13文字を目安にしよう
3. 人気ポータルサイトのキャッチコピーの文字数、行数も参考にしよう
4. スマホでどう見えるかのチェックも忘れずに

成功法則	売れるキャッチコピー⑩
52	**呼びかけて振り向かせよう**

情報があふれるインターネット時代です。「みなさ〜ん」と呼びかけても誰も振り向いてくれません。呼びかけるときは、ターゲットをできるだけ狭く設定しましょう。ここでは「属性で呼びかける」「プラスの欲求で呼びかける」「マイナスの欲求で呼びかける」の3つの方法を説明します。

集客アップ	★★★☆☆	成約アップ	★★★★★	コンテンツ改善	★★★☆☆

■ ターゲットを絞って呼びかける

　ターゲットを広く設定しすぎて「すべての人に向けた○○○」などと書いてしまうと、結局**すべての人が「私には関係ない」と感じ、全員に無視されてしまいます**。「60歳以上の人に向けた○○○」と書けば、60歳以上の人をある程度振り向かせることができます。さらに、両親、知り合いなど60歳前後の人を思い浮かべた人までも「あ、そういえば、60歳前後のあの人のこと……」と振り向かせることができるのです。

　情報があふれている時代です。キャッチコピーを作るときは、誰をターゲットにするかを明確にして、呼びかけるようにしてみましょう。

⚠ 呼びかけ①
お客様の属性で呼びかける（年齢、性別、居住地、家族、趣味、職業、役職など）

　呼びかけのキャッチコピーを作る際に、最も簡単なのは、**ターゲットの属性**を直接書いてしまう方法です。

例1　属性で直接呼びかける

- 40歳からの健康法
- 大阪府にお住まいの方限定
- 小学校に通うお子さまをもつお母さまへ
- 中小企業の社長さんへ

　例えば、サングラスを販売する場合「みなさん、紫外線カットのカッコいいサングラスができましたよ」と呼びかけるのは簡単です。ただし「みなさん」と呼

244

ばれて振り向く人は、ごくわずかです。

　年齢、性別などの属性で呼びかけてみましょう。属性を決めると、サングラスの特徴のうち「どのポイントをアピールすると効果的か」という点も明確になってきます。

　30代男性には「紫外線カット」の機能で売るよりも「このサングラスを付けるとカッコよく見える。カッコよく見えるからモテちゃうよ」という点を訴求します。

　60歳を超えた男女には、カッコよさよりも目の健康で訴求したほうが売れるでしょう。

● **ターゲットを明確にした呼びかけ**

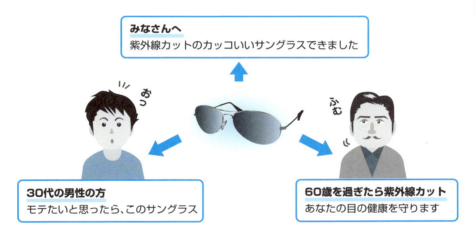

⚠ 呼びかけ②
プラスの欲求で呼びかける（〜になりたい、もっとハッピーになりたい）

　インターネットでものを探している人は「今よりも、もっとハッピーになりたい」「誰かをハッピーにしてあげたい」と願っている人です。プラスの欲求ですね（ 成功法則43 参照）。プラスの欲求を刺激するように呼びかけてみましょう。

　化粧品やサプリメントを販売するとき、「50代の女性へ」「乾燥しているオフィスでデスクワークしている女性へ」「暑さの厳しい沖縄にお住まいの方へ」などと属性で呼びかけることも可能ですが、**「買ってもらう」ためにはもっと強いキャッチコピー**が必要になります。

　キャッチコピーを強くするためには、**属性で呼びかけるよりも、お客様の感情**

を刺激してあげるほうが効果的です。

例2 プラスの欲求で呼びかける

・赤ちゃんのようなプルプルお肌になりたいあなた
・1日1冊本を読めるようになりたい方
・30日で5キロのダイエットに成功したい方
・母の日に最高の笑顔をプレゼントしたい人

「30代からの読書法」などと属性で速読術を紹介するよりも「1日1冊本が読めるようになるよ」と、お客様の**「もっとこうなりたい」を見つけて**、キャッチコピーを作りましょう。

「30日で5キロのダイエットに成功できるかも」「母の日に、お母さんを笑顔にできるかも」と**期待した人が上記のキャッチコピーに反応**すれば、呼びかけのキャッチコピーとしては成功です。

⚠ 呼びかけ③
マイナスの欲求で呼びかける（～でお困りの方へ、お悩みの方へ）

インターネットでものを探している人は、現状の困りごと、悩みを解決したいという強い欲求をもっています。そこを刺激するように呼びかけてみましょう（ **成功法則44** 参照）。

上記の「呼びかけ②　プラスの欲求で呼びかける」と同様、**お客様の感情を刺激**するキャッチコピーが作れます。「呼びかけ①　お客様の属性で呼びかける」よりも強いキャッチコピーになります。

例3 マイナスの欲求で呼びかける

・腰痛でお困りの方へ
・1か月後に海外出張が迫って、焦っている人へ
・最近物忘れが激しいとお嘆きのあなた！
・6ヶ月連続で営業成績が下がっているビジネスパーソンの方

例えばマッサージを行うサロンでは、「腰痛でお困りの方」だけではなくて「肩が痛い人」「背中が痛い人」「足が痛い人」「首が重たく感じている人」「手足が伸びない人」など、さまざまな痛み、苦痛を抱えている人「すべて」がお客様になります。

ただ「あらゆる痛みに対応します」などと書いてしまうと、範囲が広すぎて漠然としているため、多くの人がスルーしてしまい、結局誰も振り向かせることができません。

ターゲットを幅広くしてしまって全員を失ってしまうよりは、「腰痛でお困りの方へ」と書いて「**腰痛の人だけでも、確実に来てもらおう**」と考えてください。

「腰痛でお困りの方へ」というキャッチコピーが「腰痛」の人だけしか連れてこないかというと、そんなことはありません。このキャッチコピーを見たお客様は「腰痛で困っている人の痛みをやわらげてくれる」ならば、「きっと肩こりの人も、手足が痛い人も診てもらえるだろう」と想像します。最終的には「**腰痛」以外のお客様も連れてきてくれる**ことになるのです。

たったひとりに、呼びかけよう

呼びかけのキャッチコピーを作るときは、誰に呼びかけるかを具体的に決めましょう。「**女性のみなさん→40代の女性の方→46歳の女性の方→46歳女性で、乾燥肌に悩んでいる人**」というふうに、**呼びかける対象が狭く（ピンポイント）なればなるほど「あ、私のことだ」と自分ごとに感じ取ってもらえる**可能性が高くなります。「全員に響かせたいな〜」と欲張らず、ターゲットをたった一人に決めるくらい絞り込みましょう。

1. 情報があふれる時代ではあらゆる情報がスルーされてしまう
2. 全員を対象とせずに、ターゲットを狭く絞って呼びかけよう
3. 年齢、性別、居住地などの属性で呼びかけよう
4. お客様の感情を揺り動かすためには、プラスの欲求で呼びかけよう
5. お客様のお悩みから訴求したい場合は、マイナスの欲求で呼びかけよう

成功法則 53

売れるキャッチコピー⑪
認知的不協和でバランスを崩そう

脳は常にバランスのいい状態を保とうとしています。認知的不協和は、そんな脳のバランスを崩すことによって、興味、関心を引き付ける方法です。

集客アップ	★★☆☆☆	成約アップ	★★★★☆	コンテンツ改善	★★★☆☆

▌矛盾を嫌い、矛盾を正そうとする脳の性格

認知的不協和は、アメリカの心理学者、レオン・フェスティンガー（Leon Festinger）によって提唱されました。脳のなかに**矛盾する2つ以上の認知（考え方）があると、心理的な不快感・緊張感**を感じます。バランスを崩した脳はバランスを取り戻そうとして、**何とか納得できる理由、言い訳、論理を見つけようとする**というものです。

例えば、次の2つの文を読んでください。

・やせるためには運動と食事制限が必要
・お腹いっぱい食べて、ゴロゴロしていてもマイナス5キロ

ダイエットの方法として「逆のこと」を言っている2つの文。矛盾や違和感を覚える人が多いのではないでしょうか？

脳はバランスを崩した状態ではいられなくなり、**違和感の正体を知りたくて、その先を調べよう**とします。そこにキャッチコピー作成のヒントがあります。

⚠ イソップ物語の「すっぱい葡萄」

イソップ物語「すっぱい葡萄」は、認知的不協和の例でよく取り上げられています。キツネはある日、おいしそうなブドウの木を見つけます。ブドウを食べたくて何度もジャンプを繰り返し、手を伸ばすキツネ。結局、手が届くことはなく、キツネは「おいしいブドウが食べたい」でも「食べられない」という現実に、**認知的不協和、矛盾、ストレスを感じます。**

この脳のバランスの崩れを元に戻すために、キツネは「きっと、あのブドウはすっぱくて、おいしくない」と自分に言い聞かせて、バランスを取り戻そうとします。**バランスを崩したままではいられない、脳の不安定さがわかります。**

248

● **イソップ物語から学ぶ認知的不協和**

認知的不協和のキャッチコピーの例

　2015年に大ヒットした映画「ビリギャル」のキャッチコピーには**「学年ビリのギャルが1年で偏差値を40上げて慶応大学に現役合格した話」**と書いてあります。認知的不協和のオンパレードです。「学年ビリ」の「ギャル」が「慶応大学に合格」だけでも、一般常識から考えると大きな矛盾があります。さらに「1年で偏差値を40上げる」「現役合格」まで加わっています。

　このギャップに、認知的不協和を感じる人が多いと思います。

　脳はバランスを崩し、そのバランスを取り戻そうとします。このようなキャッチコピーを、認知的不協和を利用したキャッチコピーと呼びます。このキャッチコピーに引き付けられて映画館に足を運んだ人も、多かったはずです。

⚠ 脳のバランスを崩し、キャッチコピーを作ろう

　私たちは生活のなかで、当たり前と思っている「常識」がたくさんあります。常識に従って生きているので、**その常識に対して少しでも違和感のあることを書くことによって**、**引き付ける力の強いキャッチコピー**を作ることができます。

認知的不協和を利用して脳のバランスを崩すキャッチコピーは **成功法則50** と似ていますが、**王道否定は「常識を全否定する」のに対して、認知的不協和は「脳に違和感を与える、矛盾を作る、正論を崩す」**と考えてください。

「○○○なのに○○○」と考えると、認知的不協和を利用したキャッチコピーが作りやすくなります。

例1 認知的不協和の例

> はじめての起業、たった1年で年収1,000万

「はじめての起業」でうまくいくのは難しいのに、「1年で年収1,000万ってすごい」と矛盾を作っています。「どうやったらうまくいくんだろう？」と矛盾を解消したいお客様は、キャッチコピーをクリックして、その先のWebサイトに移動していきます。

例2 認知的不協和の例

> 医者と看護師がかりやすい病気とは

医者や看護師は健康に詳しい職業なのに、「あらら、病気にかかっちゃうんだね」と違和感を与えています。「どうしてそんなことになってしまったの？」と思ったお客様の興味、関心を引くことに成功しているキャッチコピーです。

例3 認知的不協和の例

> 当店ではお買い物をしないでください

お店なのでお客様に買い物をしてもらいたいはずなのに、「『買い物をしないでください』ってどういうこと？」と感じます。お客様は常識を崩されて、違和感を覚えてしまいます。

「当店ではお買い物をしないでください」といったキャッチコピーは、**ネットショップ等でよく使われています**。例えば、明日からセールを行う場合に「当店ではお買い物をしないでください」というキャッチコピーを販促用メールマガジンやWebサイト等に書いておくのです。「え？ ネットショップなのに買うなってどういうこと？」と矛盾を感じたお客様がWebサイトに訪問すると、「明日からセールです。明日になったらたくさん買ってね」とセールの告知をするのです。

250

認知的不協和のキャッチコピーを使うことによって、お客様にセールの告知ができるのと同時に、**せっかく明日からセールなので「セールの前日に購入してしまうと、損しちゃいますよ」**と教えてくれたネットショップに対して**「良いお店、親切なお店」**というイメージまでもってもらうことができるのです。

● 認知的不協和のコピーを利用した集客

バランスをとりたいと思っている「脳」に違和感を与えよう

　脳に違和感を与え、お客様を「不安定な気持ち」にさせるのが、認知的不協和のキャッチコピーです。お客様がもっている**「常識」を見つけ、その常識を崩す**ことを考えましょう。「〇〇〇なのに〇〇〇」と考えると、認知的不協和を利用したキャッチコピーが作りやすくなります。

1. 矛盾を嫌い、矛盾を正そうとする脳の仕組みを知ろう
2. 認知的不協和で、お客様の脳のバランスを崩そう
3. 「〇〇〇なのに〇〇〇」と考えると認知的不協和を見つけやすい

成功法則 54

売れるキャッチコピー⑫
好奇心をくすぐろう

人間は知らないことやわからないものに対して、「もっと知りたい。わかるようになりたい」という欲求をもっています。人類が進化し、生活スタイルが改善されているのも、人間の好奇心によるものです。好奇心を刺激することによって、引き付ける力の強いキャッチコピーを作ることができます。

集客アップ	★★☆☆☆	成約アップ	★★★★☆	コンテンツ改善	★★★☆☆

■ 好奇心が強くなるのはどんなとき？

次の３つの文を読んでみてください。どれにいちばん興味をもちますか？

> ⓐ 「シュタルク」と「ゼーマン」の考え方の違い
> ⓑ 「足し算」と「引き算」の違い
> ⓒ 「ジャズ」と「オペラ」の歌い方の違い

多くの人が ⓒ 「『ジャズ』と『オペラ』の歌い方の違い」にいちばん興味をもつのではないでしょうか？

人間は「すでに知っている情報」には興味がなく「まったく知らない情報」にも興味をもちにくいのです。「少し知っていて、もう少し知りたい」というときに、好奇心が刺激されます。

> 「シュタルク」と「ゼーマン」の考え方の違い

シュタルクとゼーマンは、それぞれ物理学者の名前です。「シュタルク」も聞いたことがないし「ゼーマン」も聞いたことがない。このような状態では、**興味のもちようがありません。**

> 「足し算」と「引き算」の違い

「足し算」も知っている。「引き算」も知っている。「足し算」と「引き算」の違いについても把握していると思えば、**好奇心は刺激されません。**

252

「ジャズ」と「オペラ」の歌い方の違い

「ジャズ」はなんとなく知っている。「オペラ」もなんとなく知っている。でも「ジャズとオペラの歌い方の違いは？」と聞かれると明確に答えられない。**「知っていることと知らないことが重なり合っている状態」のときに、好奇心が最も刺激されるのです。**

● 知っていることと知らないことが、一部分重なっている

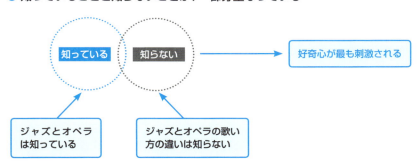

好奇心をくすぐるキャッチコピー

キュレーションサービス「NAVER まとめ」には、たくさんの「まとめ記事」がアップされています。アクセス数が多い「まとめ記事」には、閲覧数に応じて報酬が支払われるという仕組みもあるため、投稿者はクリックされるタイトルを作ることに必死です。

⚠ 「NAVER まとめ」のコピーの例

「NAVER まとめ」には「少し知っていて、もう少し詳しく知りたい」という好奇心をくすぐるキャッチコピーがたくさん作られています。

例1　**「NAVER まとめ」のコピーの例**

成功者たちが地味にやってきた『紙に書く』大切さ

253

好奇心は、知っていることと知らないことが重なり合っているときに生まれます。「紙に書く」ことの大切さは知っているが、「成功者のやり方」や「地味なやり方」については知らない。このバランスのときに、好奇心が芽生えます。

> ## 「紙に書く大切さ」を教えます

　などと書くと、多くの人は「紙に書いて忘れないようにするためでしょ。知っていることだ」と認識して興味がわきません。

例2 「NAVER まとめ」のコピーの例

> ## 社長が語る、麻雀とビジネスの共通点がおもしろい

　麻雀ってどんなものか知っている。ビジネスの概念もわかる。でも、麻雀とビジネスの共通点はわからない。知っていることと、知らないこと（もっと知りたいこと）が組み合わさっているキャッチコピーは、読む人の心を引き付けます。好奇心が刺激され「麻雀とビジネスの共通点」を知りたいと思うのです。

例3 「NAVER まとめ」のコピーの例

> ## ルール違反してるかも！？　自転車走行でやってはいけない６つのNG……

　私たちは「自転車走行のルールはある程度、わかっているつもり」という感覚の人が多いのではないでしょうか？　知っているつもりだったけれども**「６つのNG」といわれると、「自分がすべてのルールを理解しているかどうか不安だ」**と感じ、知らないところを知りたい、６個全部知っておきたいという気持ちが芽生えます。「知りたい」という好奇心を刺激するキャッチコピーになっています。

例4 「NAVER まとめ」のコピーの例

> ## 魚をまるごとキレイに食べる方法

　私たちは魚の食べ方を知っていますが「まるごとキレイに食べる」方法はどうでしょう？　日ごろから「魚をもっときれいに食べられるようになったらいいな～」と思っている人は多いと思います。「魚の食べ方」という知っていることと「まるごとキレイに食べる方法」という知らないことを組み合わせたことによって、好奇心を刺激しています。

⚠ 教えるキャッチコピーで知的好奇心をくすぐろう

　好奇心（特に知的好奇心）をくすぐるためには、なにか新しいノウハウ、効率的なやり方、スピーディーな進め方などを**「教える」タイプのキャッチコピー**が作りやすいです。次の言葉を使って、キャッチコピーを作ってみましょう。

● 知的好奇心をくすぐるときに使えるコトバ

> ノウハウ／〜の法則／〜のポイント／〜の○○術／〜のコツ／〜の考え方／〜の手順／〜のステップ／〜マニュアル

例5　「教える」タイプのキャッチコピー

- 「飲むだけでキレイになれる」緑茶を入れる3つのポイント
- 夏が似合う男になるための、ボーダー柄Tシャツの着こなし術
- 勝ち投手だけがやっていた、マウンドに上がるまでの5つのステップ

　上記のキャッチコピーはすべて「教える」タイプのキャッチコピーの例です。いろいろなノウハウを教えています。**「教える」タイプのキャッチコピーは、お客様の「もっと知りたい」「もっと学びたい」という知的好奇心を刺激**します。

知っていることと知らないことの重なりを見つけよう

　好奇心が最も刺激されるのは**「知っていること」**があり、さらに**「その先を知りたい」**ときです。足し算を知って、引き算に興味をもち、引き算を理解してから「掛け算、割り算も知りたい」と好奇心がふくらんでくるのです。**「お客様が知っていること」の少し先を見せてあげるようなキャッチコピー**を作りましょう。

1. 好奇心がもっとも刺激される状態を理解しよう
2. お客様が「知っていること」と「知らないこと」を組み合わせよう
3. 新しいノウハウ、効率的なやり方、スピーディーな進め方などを「教える」タイプのキャッチコピーを作ろう

成功法則 55 売れるキャッチコピー⑬
お客様の声を利用しよう

商品を購入する際の「決め手」になるお客様の声やレビュー。お客様の声を使ったキャッチコピーは、売り手のどんな言葉よりも信ぴょう性が高く、信頼度の高いキャッチコピーになり得ます。お客様の「良い声」だけでなく「悪い声」も活用すれば、よりインパクトの強いキャッチコピーが作れます。

| 集客アップ | ★★★★☆ | 成約アップ | ★★★★★ | コンテンツ改善 | ★★★☆☆ |

なぜ、お客様の声が効果的なのか

　商品を購入しようとするとき、なにを「決め手」にしますか？　商品そのものの素晴らしさはもちろんですが、「食品なら鮮度」「洋服ならサイズ」「家電製品なら価格」など、モノの種類によって選ぶときの「決め手」は変わってきます。「食品なら鮮度」と書きましたが、「食品なら量、産地、販売元」など、個人の判断基準もまちまちです。

　そんななか、どの商品にも共通して**「選ぶ基準」になり得るものがあるとしたら「お客様の声」や「クチコミ、レビュー」**です。

　「インターネット調査・ネットリサーチのマイボイスコム」のアンケートによると「商品・サービス購入時にネット上の口コミ情報を参考にする人は6割弱」というデータがあります。下図は2015年7月に、対象者10844名に対して行われたアンケートの結果です。

● マイボイスコムが実施した口コミ情報のリサーチ
（出典：http://www.myvoice.co.jp/biz/surveys/20411/）

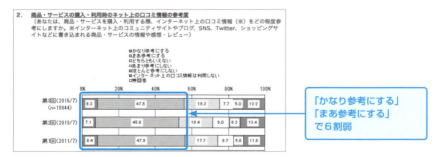

256

「誰がなんと言っているか」「どんな評価をくだしているか」ということは、これから買う人にとっては、とても参考になる貴重な情報です。

⚠ お客様の声には、信ぴょう性、リアリティーが宿る

メーカーや売り手がどんなに大きな声で「この商品は、素晴らしい」と連呼しても、お客様が語る「素晴らしい」の言葉のパワーにはかないません。私たちは、売り手の言葉よりも、**お客様の声、購入者の感想を信じます**。商品が売れてもなんの利益も得もないお客様の声には、信ぴょう性やリアリティーを感じることができるのです。

お客様の声を利用したキャッチコピーの例を紹介します。

> **例1　お客様の声を利用したキャッチコピー**
>
> ・「まさかの消臭効果。くさいお父さんも感激」
> ・「あれだけ臭かった靴下も……鼻を近づけると笑ってしまいます」
> ・「いくら汗をかいても臭わない！ 驚きのパンツ！」

消臭剤等を扱う株式会社興和堂の村上さんは、ECサイトにお客様の声を使ったキャッチコピーを掲載しています。

● いい快互服ドットコム（http://www.11kaigofuku.com/）

257

村上さんは「臭い」や「消臭効果のすごさ」をお客様に伝えるにはどうしたらいいか悩み、長い間答えが見つからずに苦しんだと言います。「どんなに自分の言葉で語っても、伝えることができなかったんですが、あるとき、お客様の声をサイトやメールマガジンに書いたところ、手ごたえを感じた」と教えてくれました。

　それ以降、Webサイトのトップページには、お客様の声を活用したキャッチコピーが並びます。売上げにも貢献しているとのことです。

> **例2　お客様の声を利用したキャッチコピー**
>
> うーんまずい……もう一杯

　こちらはキューサイの青汁のCMのコピーです。俳優の八名信夫さんが、コップ一杯の青汁を飲み干した後に、このひと言を言います。「青汁はまずいもの」というイメージをもっている視聴者は「うーんまずい」というセリフを聞いて「やっぱりそうでしょう。まずいでしょう」という共感の気持ち以上に「CMなのに、まずいなんて言っちゃっていいの？」と驚きの感情を抱きます。一度聞いたら忘れられないようなインパクトの大きなコピーになっています。

お客様の声から、響くフレーズを探し出そう

　お客様の声は**購入の決め手**になります。お客様からいただいた感想、レビュー、お問い合わせなどの「声」をキャッチコピーに活用してみましょう。お客様の声を、丸ごとすべて掲載する必要はありません。お客様の声を読んで**もっとも響くフレーズや言葉を、抜粋**して使うのです。

> 1. お客様の声を利用したキャッチコピーを作ってみよう
> 2. お客様の声やレビューは購入の決め手にもなるので、購入につながるキャッチコピーが作れる
> 3. お客様の「良い声」だけではなく、「悪い声」を使うとインパクトが大きくなる

成功法則 56 売れるキャッチコピー⑭ 旬な言葉、トレンドワードを使おう

言葉には旬な言葉、流行の言葉、逆に古い言葉、時代遅れの言葉などがあります。人の年齢、居住地、職業などの属性に合わせて、その人が「使う言葉」「慣れ親しんだ言葉」をキャッチコピーに入れることが大事です。

| 集客アップ | ★★★★★ | 成約アップ | ★★★★☆ | コンテンツ改善 | ★★★☆☆ |

旬な言葉の見つけ方① Googleトレンド

　インターネット上のツールを使って、旬な言葉を見つけることができます。Googleトレンドは、その言葉がどのくらい検索されているかをグラフで表示してくれるツールです。

　例えば、旅行を表す言葉で「女子旅」という言葉が、年々検索数を伸ばしていることがわかります。

　キャッチコピーを作る際に「女性向け旅行の特集」と書くよりも、「女子旅特集」と書いたほうが今の女性の心をつかむことができます。

● Google トレンド
https://www.google.co.jp/trends/

キーワード調査のためのツールです。調べたいキーワードを入力すると、過去からさかのぼって、検索数の推移をグラフで見ることができます。複数のキーワードを比較して表示することも可能です。調べたいキーワードが旬なのか、時代遅れなのかが分かります（詳細は 成功法則07 を参照）。

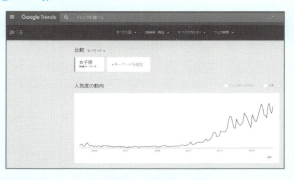

旬な言葉の見つけ方②　急上昇ワード

　検索エンジン等で、検索数の多かったキーワードを「急上昇ワード」として掲載しているサービスがあります。代表的なサービスには、以下のものがあります。
　注意したい点は、瞬間的に今だけ検索されているキーワードもあれば、今月、今年など、長期的に検索数の多いキーワードもあるということです。瞬間的に検索されているキーワードは、すぐに検索されなくなってしまう可能性もあるので、注意しましょう。TwitterやFacebook等で瞬間的に目立ちたいときに、急上昇キーワードを使うと効果的です。

● **Google トレンド急上昇ワード**
　https://www.google.co.jp/trends/hottrends

Googleの検索で、瞬間的に検索数が伸びているキーワードがわかります。大きなニュースや話題の人物などが表示されることが多いです。過去の急上昇ワードを、デイリーランキングの形式で見ることもできます。

● **Yahoo!JAPANの急上昇ワード**
　http://searchranking.yahoo.co.jp/rt_burst_ranking/

Yahoo!JAPANの検索で、瞬間的に検索数が伸びている急上昇キーワードがわかります。カテゴリが分かれており、人物の急上昇ワードや、グルメランキング等もわかります。

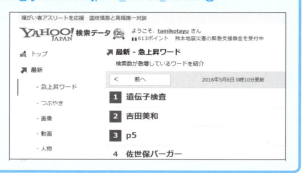

● ついっぷるトレンドのHOTワード
http://tr.twipple.jp/hotword/

「ついっぷるトレンド」は、Twitter上で話題になっていることをランキング形式で整理している情報サイトです。HOTワードでは、ツイッター上のタイムリーな話題を調べることができます。

旬な言葉の見つけ方③　生活のなかで使われている言葉

　テレビ、新聞、雑誌、広告、チラシ、インターネットのニュースサイトなどで、**「今どんな言葉が使われているか」に敏感になる**ことが大事です。また日常生活のなかでどんな言葉で会話が行われているかについても、注意しましょう。
　テレビドラマで「私結婚できないんじゃなくて、しないんです」というタイトルの番組があります。（2016年4月スタート）この番組名が旬だとしたら、以下のようなキャッチコピーが浮かびます。

例1　旬の言葉をヒントにする

私結婚できないんじゃなくて、しないんです

私、英語がしゃべれないんじゃなくて、しゃべらないんです
私、ダイエットできないんじゃなくて、ダイエットしないんです
私、料理ができないんじゃなくて、料理しないんです

　タイトル旬であればあるほど、同じようなパターンで作ったキャッチコピーに対して「どこかで聞いた」ような親近感を覚えます。

⚠️ **旬のワードを参考にするときは、ターゲットになる人の言葉を使う**

　高齢者向けのWebサイトのキャッチコピーを作る際は、高齢者が見るテレビ、新聞、雑誌を選び、キャッチコピーを探します。学生向けのキャッチコピーを使うときは、学生が読むような雑誌、テレビ等から言葉を探してくるようにしましょう。

　例えば学生向けには「**放課後ファッション**」という言葉が響きますが、シニア層には「放課後ファッション」と書いても、ピンとこないと思います。シニア層には「**お出かけファッション**」と書いたほうがわかりやすいです。

● ターゲットに合わせた言葉

> ・学生向け：放課後ファッション
> ・シニア向け：お出かけファッション

旬な言葉に敏感になろう

　日ごろから「言葉」に対して敏感になりましょう。時代によって移り変わっていく言葉もあります。いつまでも古くさい言葉を使っていると、お客様に「**時代遅れなのでは？**」という悪いイメージをもたれてしまう危険性もあります。Webサイトに旬なキーワードを書いておけば、お客様に対して「**新しいサイト**」「**更新頻度の高いサイト**」というイメージを与えることができます。また旬なキーワードは、**瞬間的に多くの人が検索する可能性**もあります。

1. Googleトレンドで、旬なキーワードを探そう
2. 各種検索エンジン等の、急上昇ワードを調べよう
3. 日常生活のなかで使われている言葉を、人との会話、テレビ、雑誌等から見つけよう

Chapter - 5

成約率を上げるための
売れる文章術
〜エモーショナルライティング〜

Webサイトには「目的」があります。例えば「購入してもら
う」「問い合わせしてもらう」「資料請求してもらう」「会員登
録してもらう」などお客様に「行動してもらう」ことを目的と
しているWebサイトは多数あると思います。「人を動かす」
ためには、エモーショナルライティングがおすすめです。

成功法則 **57**	ロジカルライティングとエモーショナルライティングで書き分ける

文章の書き方には大きく「ロジカルライティング」と「エモーショナルライティング」があります。ロジカルライティングは、論理的でわかりやすく伝える文章のこと。一方、エモーショナルライティングは、読み手の感情を震わせ、なにか行動を起こすように喚起する文章のことです。Webライティングでは、目的に応じて文章を書き分けることが重要です。

集客アップ	★★★★☆	成約アップ	★★★★★	コンテンツ改善	★★★☆☆

ロジカルライティングとエモーショナルライティングの違い

　相手にわかりやすく伝えるためには、**最初に「結論」を伝える**ことが大事です。ロジカルライティングでは、最初に結論や全体像を伝え、徐々に具体的、かつ詳細な話題へと話を展開していきます。

　最初に結論を与え、全体像を見せるロジカルライティングでは、冒頭部分を読んだ時点で「**全体像がある程度わかったという満足感**」を得ることができます。「このあと最後まで読むべきか、読まなくても問題ないか」を読者が判断することも可能なのです。

⚠ エモーショナルライティングの結論は、どこに？

　一方、エモーショナルライティングでは、結論を最後に伝えます。エモーショナルライティングは**感情を揺り動かして、行動してもらうことが目的の書き方**です。最初だけ読んで「もう後半は読まなくても大丈夫」と判断されては困ります。**最後まで読んでもらって購入ボタンなどの行動へと導く**ためには、「この先、どんな話が展開されるんだろう」とワクワクしながら読んでもらうことが大事です。

　そのためにも**結論を最後に伝え、結論に至るまでの過程をエモーショナルな展開で書いていく**必要があるのです。最初は**相手が興味をもちそうな話題から切り込み、徐々に結論**に導いていくのです。

264

● 結論を、どのタイミングで伝えるかが違う

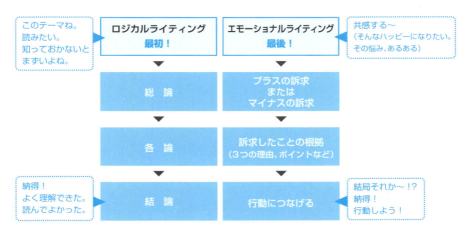

　ロジカルライティングについては、**成功法則19** を参照してください。ここでは、エモーショナルライティングについて説明します。

エモーショナルライティングの2通りの書き出し

　エモーショナルライティングでは、最初は**相手が興味をもちそうな話題から切り込み、徐々に結論**に導いていきます。では、相手が興味をもつ話題とは、どんなものなのでしょうか？　次の図をご覧ください。

A　ぐいぐい私を引っ張ってくれる
　　がんばらないお掃除で快適な休日

B　新型の掃除機
　　2年の開発期間を経てついに完成！

C　壁ぎわ、コーナーのホコリ、舞い上がるチリ……
　　気になっていませんか？

⚠ あなたならどのコピーに引かれますか？

　私が10年以上行っているWebライティングのセミナーでは、受講者の方々に前ページのような資料を見てもらい「A、B、Cのなかで、どのコピーが好きですか？　下にスクロールして、もっと説明を読んでみたいのはどのコピーですか？」と質問します。するとほとんどの方が、AまたはCを選びます。

　理由は簡単です。

　Bは掃除機の開発者やメーカーなど、**売り手側の視点で作ったコピー**です。「2年の開発期間を経て改良に改良を加え、最新技術を駆使して作った掃除機だから、良いものだと期待してほしい」といったニュアンスが伝わってきます。

　それに対して**AとCは、お客様側の視点で作ったコピー**です。お客様が「私に関係あることだ」「私のことをわかっている」と感じるようなコピーになっています。お客様が**「自分ごと」と感じるコピーを作ることが、お客様に選ばれるポイント**になります。

プラスとマイナスで訴求する

　さらに、AのコピーとCのコピーを比較していきましょう。

　Aの「ぐいぐい私を引っ張ってくれる　がんばらないお掃除で快適な休日」は、プラスのコピーです。この掃除機を手に入れることによって、今の生活よりも楽になれる、快適に暮らせる、**ハッピーになれるかもしれないという「プラスの気持ち」に突き刺さるコピー**です。

　Cの「壁ぎわ、コーナーのホコリ、舞い上がるチリ……気になっていませんか？」は、マイナスのコピーです。お客様が「こんなことで困っている」ということを言いあて、この掃除機を購入すれば、その悩みや困りごとが解決できますよと訴求しています。**お客様の悩みや困りごと（マイナスの気持ち）に寄り添うようなコピー**です。

　このように、お客様にとって「自分ごと」「私のこと」と思ってもらうためには、プラスのコピー、またはマイナスのコピーを作ることが大切です。

● 「自分ごと」と感じるコピーを作る

1. Webライティングでは、目的に応じてロジカルライティングとエモーショナルライティングを使い分けよう
2. 結論を最初に書くのがロジカルライティング。結論を最後に書くのがエモーショナルライティング
3. エモーショナルライティングの書き出しは「プラスのコピー」または「マイナスのコピー」でお客様の心に突き刺そう

成功法則 58

エモーショナルライティング①
AIDCASの法則で書く

エモーショナルライティングの文章展開方法のひとつめは、AIDCAS（アイドカス）の法則です。人がものを購入するときの心理を分析し、その心理に沿った文章展開を行うという考え方です。商品ページ、サービス紹介ページなど、お客様に「行動」を起こさせることを目的とするページのライティングに適しています。

集客アップ	★★☆☆☆	成約アップ	★★★★★	コンテンツ改善	★★★☆☆

AIDCASの法則を自分の購入体験から考えてみよう

みなさんは日ごろ、商品を購入するまでの過程において、どんな気持ちの変化を感じていますか？ 「分析したことがある」という方は少ないかと思いますが、一緒に考えてみましょう。

まず、気になる商品が目に飛び込んでくると「何だろう？ これ」と感じて、手に取ったり、顔を近づけてじっくり見たりという行動を起こすと思います。たくさんある商品のなかから、ひとつの商品に「注目」するところから、私たちの気持ちの変化がはじまります。

これが**AIDCASの法則のなかの最初の**ステップ「Attention」（注目）になります。

商品の詳細を見てみると「ほう～こんな作りになっているのか」「こんな機能があるのね」と、より深く興味をもつようになります。これが**AIDCASの法則のふたつめの**ステップ「Interest」（興味）で、気持ちに変化が生じてきます。

さらに詳しく知っていくと、気持ちはだんだん、**「Desire」（欲求）**に変化します。「どうしようかな？ 買おうかな？ 後にしたほうがいいかな？」と迷い、考えた抜

● AIDCASの法則

A	■ **Attention**（注目）
▼	
I	■ **Interest**（興味）
▼	
D	■ **Desire**（欲求）
▼	
C	■ **Conviction**（確信）
▼	
A	■ **Action**（行動）
▼	
S	■ **Satisfaction**（満足）

いた結果「よし！買おう」「いま、買わなきゃ」と確信（Conviction）して、いざ行動（Action）に移ります。お客様が**「買って満足（Satisfaction）」**という**感情**をもつことができれば、この購入体験は売り手にとっても買い手（お客様）にとっても、成功ということになります。

AIDCASの法則のテンプレート

人が商品を購入するときに、AIDCASの法則のとおりに気持ちが変化するのであれば、その気持ちを狙ってWebサイトに文章を展開しておくのが賢明です。Webライティングに落とし込むと、以下の図のようになります。満足（Satisfaction）は購入後の感情なので、省略しておきます。

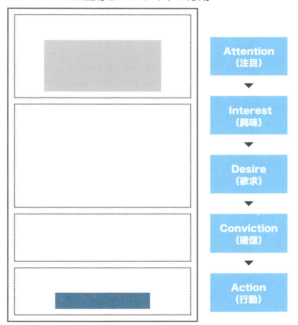

●AIDCASの法則をWebサイトに応用

Webサイトの冒頭には、お客様が注目（Attention）してスクロールをはじめたくなるようなキャッチコピーが不可欠です。お客様の気持ちをつかまえるためには、売り手側の視点で作ったキャッチコピーではなく、**お客様側の視点で作ったキャッチコピー**が適しています。

このテンプレートに 成功法則57 で紹介した掃除機の例「ぐいぐい私を引っ張ってくれる　がんばらないお掃除で快適な休日」というコピーを入れてみましょう。**AIDCASの法則の冒頭のキャッチコピーは、プラスのコピーを入れる**と全体を構成しやすくなります。

⚠ 「ほんとうに、そうなの？」を解決するための「理由」コーナー

冒頭のキャッチコピーに心をつかまれたお客様は「あ、私のための商品かもしれない」「私をハッピーにしてくれる商品かもしれない」と感じた後に「ほんとうに、そうなの？」という気持ちでスクロールをはじめます。

お客様の「ほんとうに？」にこたえるために「ほんとうにそうだよ。だって……」という理由を次のコーナーに書いていきましょう。

理由は「3つの理由」「7つの理由」などとまとめていくと、書きやすいです。**冒頭で書いたキャッチコピーの理由や根拠を並べていきます。**例えば、以下のような理由を並べます。

例1 理由の例

❶自動運転機能が付いているので、掃除機が自分でゴミを探して動いてくれます。重さ負担ゼロ（本体1キロ）の軽さが快適！

❷場所をとらないスリム設計。「わざわざ掃除機を出す」という心理的負担が軽減されます。ティッシュをさっと取り出すような気軽な感覚で、掃除機に手が伸びるようになります。

❸2年の開発期間を経て改良を重ねたホコリ除去機能によって、お掃除時間が今までの2分の1に短縮（実験データあり）。快適な休日をお約束します。

この理由を読んでいくうちに、お客様は「なるほど。この掃除機を買うと、頑張らないお掃除、快適な休日がほんとうに実現できそうだ」と感じ、注目→興味→欲求という順番に気持ちが変化してきます。

なお、Conviction（確信）とAction（行動）については 成功法則60 を参照してください。

● AIDCASの法則をWebサイトに展開

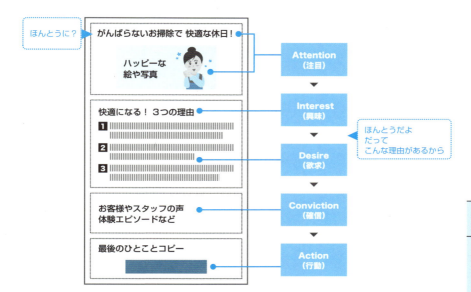

1. お客様に行動させたいページ（商品ページ、サービス紹介ページ）は、エモーショナルライティングで書こう
2. 冒頭にプラスのキャッチコピーを書く「AIDCASの法則」で商品ページを書いてみよう
3. 冒頭のキャッチコピーの理由、根拠を「3つの理由」として整理しよう

成功法則	エモーショナルライティング②
59	**PASONAの法則で書く**

エモーショナルライティングの文章展開方法のふたつめは、PASONAの法則です。最初に「こんなことで困っていませんか？」と問題提起をして、その解決策を提示しながら商品の良さをアピールし、購入につなげる展開方法です。テレビ通販のトーク等でもよく使われている手法です。

集客アップ	★★☆☆☆	成約アップ	★★★★★	コンテンツ改善	★★★☆☆

■ どこかで聞いたことがある！ PASONAの法則とは？

「PASONA（パソナ）の法則」は、経営コンサルタントの神田昌典氏が考案した法則です。お客様の購入プロセスを分析し、「セールスレターはこう書くべき」と提唱しています。**テレビ通販の説明を聞いていても、PASONAの法則でトーク**が繰り広げられている場面を頻繁に見ることがあります。

「PASONAの法則」は、**冒頭で問題提起（Problem）**を行います。「こんなことで困っていませんか」という書き出しです。「最近、お肌が乾燥して、カサカサして困っていませんか？」とか「提案資料を作るのに、時間がかかり過ぎて困っていませんか？」「英会話がなかなか上達できなくて、悩んでいませんか？」などが問題提起の例です。

問題提起からはじめるPASONAの法則は、お客様の気持ちに寄り添いながら商品を販売する文章展開に適しています。

● PASONAの法則

P	■ **Problem**（問題提起）
▼	
A	■ **Agitation**（あおり）
▼	
SO	■ **Solution**（解決策提示）
▼	
N	■ **Narrow Down**（絞り込み）
▼	
A	■ **Action**（行動）

PASONAの法則のテンプレート

　人に商品を購入してもらうための「PASONAの法則」も、 成功法則58 の「AIDCASの法則」と同様に、Webライティングに応用することができます。図にすると、以下のようになります。

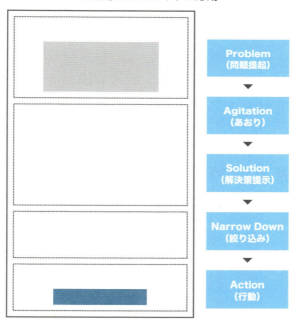

●PASONAの法則をWebサイトに応用

　Webサイトの冒頭には、お客様が注目して、スクロールをはじめたくなるようなキャッチコピーが必要です。PASONAの法則で書く場合は、冒頭のキャッチコピーをマイナスのコピーで書いてみましょう。

　これも同じように掃除機の例で考えてみます。「壁ぎわ、コーナーのホコリ、舞い上がるチリ……気になっていませんか？」というコピーに心をつかまれたお客様は「あ、私の悩みをよくわかってくれている」と自分ごとに感じ、スクロールをはじめます。

⚠ さらに気持ちを追い詰めていく「Agitation」を忘れずに

　すぐに解決策を提示してもよいのですが、PASONAの法則では**解決策の提示**

の前にあおり（Agitation）が入ります。「抱えている問題、悩み、課題を放置しておくと、こんな事態になってしまいますよ」という展開です。掃除機の例で考えると、こんなあおりが考えられます。

例1 あおりの例

- そのまま放置しておくと、小さいお子さんがホコリを吸い込んで、○○になってしまいますよ
- 壁ぎわに残った小さなホコリが、彼氏、お友だち、お姑さんの目にとまってしまうかも
- 舞い上がるチリが、おいしい料理に入ってしまったらホームパーティが台無し
- 古い掃除機を使っていると、いつまでたっても部屋のホコリを完全に吸い取れる日はきません

⚠ 気持ちが追い詰められたタイミングで解決策の提示

あおってお客様の気持ちを追い込んだ後に、ようやく、**解決策の提示、商品の登場（Solution）**という流れです。

例2 解決策の例

- この掃除機を使えば、小さなホコリ、壁ぎわのホコリも、100%完璧に吸い取ります！
- 新型掃除機の▲▲技術が１ミクロンのホコリも見逃しません

このタイミングで、お客様は「ほんとうか？」「この掃除機を買えば、ホコリの悩みがほんとうに解消できるのか？」と、確認したくなってきます。

これにこたえるために**「ほんとうにそうだよ。だって……」**という**理由や根拠**を次のコーナーに書いていきましょう。

理由は「３つの理由」「７つの理由」などとまとめていくと、書きやすいです。この理由を読んでいくうちに、お客様が「なるほど。ほんとうに、部屋の隅ずみのホコリまで吸い取ってくれるんだ」と感じれば、さらに購入ボタンの方にスクロールを進めてくれるはずです。

274

例3　理由の例

❶ ●●大学との共同開発による最新の▲▲技術により、どんな小さなホコリも残しません（実験動画あり）。
❷ 掃除機のヘッドに5つのセンサーを設置。半径1メートル以内のホコリをセンサーが事前にキャッチします。
❸ 主婦1,000人のモニターの98パーセントが「ホコリなし」「いままでで最高の吸い取り」と太鼓判（アンケート結果あり）。

● PASONAの法則をWebサイトに展開

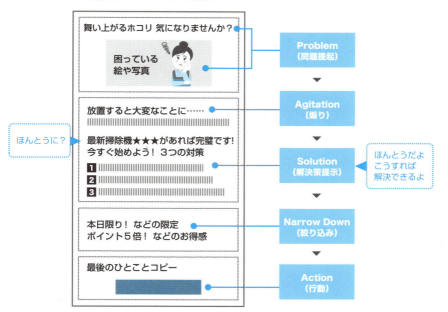

⚠ 購入ボタンの直前は「お得感」や「限定感」

購入ボタン（Action）の直前で「やっぱりやめよう」「もう一度考えてみよう」と逃げられないように、**絞り込み（Narrow Down）のコーナーには「お得感」や「限定感」**を出すような記述が必要です。

> **例4　お得感・限定感の例**
>
> 送料無料／今だけ30%オフ／ひとつ買うと、もうひとつ付いてきます／本日限り／女性限定／お得意様限定

　冒頭のキャッチコピーに引き付けられ、ページを下へ下へとスクロールしてきてくれた大切なお客様です。購入ボタンの直前まできて「やっぱり後で買おうかな」「やっぱり、他のお店も見てみようかな」と思って離脱されてしまっては困ります。確実に購入ボタンをクリックしてもらうために、購入ボタン直前には、お得感、限定感を出す記述を行いましょう。

> 1 冒頭にマイナスのキャッチコピーを書く「PASONAの法則」で商品ページを書いてみよう
> 2 冒頭のキャッチコピーの理由、根拠を「3つの理由」として整理しよう
> 3 どんな商品も「AIDCASの法則」「PASONAの法則」のどちらでも展開可能。両方の書き方にチャレンジしよう

成功法則	購入ボタン直前のお客様を
60	逃がさない

「検索」するだけで世界中のWebサイトを見ることができるインターネットの世界では、競合サイトやライバル商品がすぐ隣にあるようなもの。自社サイトで確実に購入してもらうためには、お客様が「買おうかな」と思ったらそのまま「購入ボタン」を押してもらえるように、購入直前のコピーを工夫しましょう。

| 集客アップ | ★★★☆☆ | 成約アップ | ★★★★★ | コンテンツ改善 | ★★★☆☆ |

なぜ、ボタン直前で逃げられてしまうのか？

みなさんは買い物をしているとき、こんな経験をしたことはありませんか？

- デパートで「これを買おう」と決めて、レジに向かう途中で「やっぱり、買うのはやめよう」と、商品を売り場に戻しに行った
- インターネットで「これを買おう」と気持ちを決めたのに、購入ボタンをクリックする直前で「やっぱり、やめよう」と思い、買い物を途中でやめた

●買うか、買わないか

お客様心理としては「もっと良い商品があるかもしれないからあとにしよう」とか「他のお店に行けば、似た商品がもっと安く買えるかもしれない」「他店なら送料無料とかポイント10倍とか、もっと得するかもしれない」などと迷いが生じているのです。

せっかく商品を手に取ってもらったのに、**購入の直前で買い物をやめられてしまうのは非常にもったいない**ことです。

購入の直前は、AIDCASの法則のC（Conviction：確信）の部分、PASONAの法則ではN（Narrow Down：絞り込み）の部分が該当します。この部分に何を書くかが、購入ボタンをクリック（Action：行動）するかどうかを左右することになります。

「いま買おう！ ここで買おう」と思わせるためのボタン直前のライティング

購入ボタンの直前で離脱してしまう人は、2つのタイプに分かれます。

● 購入ボタン直前で離脱する2つのタイプ

> **Aタイプ**
> 買い物を急いでいない（あとまわしにする）タイプ
>
> **Bタイプ**
> 「ほかで買おうかな」「違うお店もチェックしてみたいな」「もっと安く、お得に買えないかな」と比較したいタイプ

Aタイプの「あとでいいかな？」「もう一度考えよう」と急がない人に対しては、**急ぐ理由、今すぐ購入する理由**を書いてあげましょう。「今買わなければならない」理由としては「今だけ……」という限定的な言葉が効果的です。

> **例1 Aタイプへは限定的な言葉が有効**
> ・今だけ、送料無料
> ・本日限り、ポイント10倍
> ・あと3名、特典付き

Bタイプの「ほかで買おうかな」と他店との比較をしたい人に対しては「**当店で買うのが安心ですよ」というアピール**が響きます。

例2 **Bタイプへは不安の解消が有効**

- お客様の声を並べて、安心感を出す
- メディア掲載歴を書いて、信頼感を高める
- よくある質問を書いて、不安を解消する

AIDCASの法則、**PASONA**の法則にしたがって、せっかく購入する気持ちにまで高まっているお客様を、なんとか**「購入ボタンをクリックする」というアクションまで連れていく**ために、購入ボタンの直前に何を書くかということについて、吟味しましょう。

クロージングで逃さないための
ボタンのデザインとコピー

購入ボタンをクリックしてもらうためには「購入ボタンの直前に何を書くか」ということだけではなく、次の2点も大事です。

- **ボタンのデザイン**
- **ボタンのなかに何を書くか（ボタンのコピー）**

Webサイトを見ていて、ボタンをクリックしようと思ったら、クリックできなかった（単なる画像だった）という経験はありませんか？　インターネットに慣れている人でもクリックできるボタンなのか、クリックできない単なる画像なのかの判別が難しいことがあります。インターネットに不慣れなお客様向けのWebサイトでは、**ボタンであることが明確にわかるように、デザインの工夫**が不可欠です。

「ボタンを大きくしただけで、クリック率が高くなった」「ボタンの色をグレーから赤に変えただけで売り上げが上がった」ということはよくあります。

また、ボタンのなかのコピーも重要です。行動しやすくなるようなコピーを考えましょう。

5

〜成約率を上げるための売れる文章術
〜エモーショナルライティング〜

279

● ボタンのデザインとコピーの改善例

❶ボタンや文字を大きくする／ボタンの色を目立つ色に変える

❷ボタンらしいデザインに変更する

❸ボタンのなかのコピーを「行動しやすい言葉」に変える

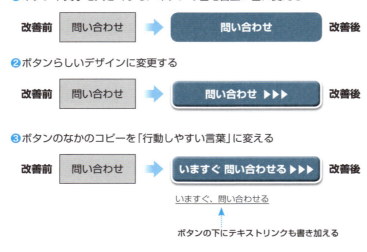

※デザイン面については、Webデザイナーなどプロの意見を求めることをおすすめします！

❶ インターネットのお客様は浮気性。他のWebサイトに逃げられない工夫をしよう

❷ 購入ボタンの直前には「他店ではなく当店で買う理由」「後まわしにせずに、いま買う理由」を記載しよう

❸ ボタンのデザイン、ボタンのなかのコピーも工夫しよう

成功法則 61 お客様が行動しやすい「ハードルの低いゴール」設定を行う

商品を直接見ることも触れることもできず、売り手との会話もできないインターネットの世界。「インターネットが当たり前になった」とはいえ、まだまだリアルの買い物と「同じ」というわけにはいきません。お客様が行動しにくいハードルの高い「ゴール」ではなく、気軽にボタンを押しやすいようなハードルの低い「ゴール」を設定しておくことが大事です。

集客アップ	★★☆☆☆	成約アップ	★★★★★	コンテンツ改善	★★★☆☆

■ ハードルの高いゴール、ハードルの低いゴールとは？

インターネットでマンションを販売しても、インターネット上で「マンション購入」ボタンをクリックして、クレジットカードで決済を済ませる人は、ほぼいません。数百万円、数千万円の高級外車をインターネット上で「購入」する人も稀でしょう。

ところが「マンションの資料請求」や「内覧会への参加」だったらどうでしょう？　気軽に申込みボタンを押すことができるのではないでしょうか。**「お客様が行動しやすいのはどんな行動か？」「行動しにくいのはどんな行動か？」**と考えて、Webサイトでのゴールを考えておきましょう。

マンションなど価格の高い商品は、最初にハードルの低い行動をさせ、**次のステップでハードルの高い行動へと引き上げる**ことを考えます。すべてをWebサイトで行うのではなく、「ここまでをWebサイトに任せ、ここから先は営業スタッフが担当する」などと**役割分担を明確に**しましょう。

5

〜成約率を上げるための売れる文章術
〜エモーショナルライティング〜

281

● 低いハードルから高いハードルへ行動を引き上げる

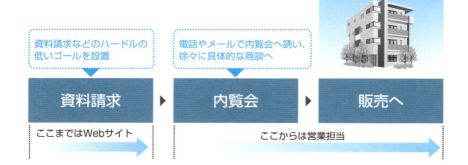

ハードルの低いゴールが必要な商品って、どんな商品？

　上記に書いた通り、価格の高い商品の場合はWebサイトで「いきなり購入」させることは難しいと思います。価格の高い商品以外にも**「知名度の低い商品」「自分にあうか、確認したい商品」**なども「いきなり購入」ではなく「お試し」や「体験」などのハードルの低いゴールがあると効果的です。

　塾や英会話スクールであれば、いきなり「申し込み」ではなくて「まずは体験にお越しください」というゴールを決めて、Webサイトには「無料体験」とか「1ヶ月無料お試しできます」などのボタンを設置しているケースが多いです。

　化粧品やサプリメント等の場合は、いきなり購入ではなくて「無料サンプル」「初回半額」などのハードルの低い商品を置いているショップも多いです。

　せっかく自社のWebサイトまでやってきたお客様を、**なにもしないで帰してしまうのはもったいない**です。とにかくハードルの低い「行動」を行ってもらい、そこからいかにして本商品の購入へつなげるか、さらには定期購入に引き上げるかを考えていきましょう。

1. お客様が行動しやすい「ハードルの低い」行動を考えよう
2. ハードルの低い行動だけを置いておいても売上げには直結しないので、そこからいかに引き上げるかを考えておこう

282

成功法則	テレビショッピング流トークで
62	「自分ごと」と意識させる

エモーショナルライティングの例として、AIDCASの法則とPASONAの法則を説明してきましたが、他にも心を揺さぶる書き方があります。ここではテレビショッピングのトークを参考に「問いかけ」と「自分視点」のテクニックを紹介します。どちらもお客様に「自分ごと（自分に関係がある）」と思ってもらうための手法です。

集客アップ	★★☆☆☆	成約アップ	★★★★★	コンテンツ改善	★★★☆☆

■ テレビショッピングに学ぶ「問いかけ」テクニック

テレビショッピングでおなじみのジャパネットたかたの高田元社長のトークには、「自分ごとにして心を動かす」ためのテクニックがたくさん盛り込まれています。

そのひとつが「問いかけ」テクニック。高田元社長は会話のなかに「～ですか？」「～ではないでしょうか？」という問いかけを数多く入れています。特にトークの冒頭部分で早めに問いかけを入れることによって、最初からお客様の心をつかまえることに成功しています。

テレビショッピングのトークを参考に例文を考えてみたので、ご覧ください。

例1 一般的な商品説明のトーク

> この電子辞書は、この1台に、なんと国語辞典が○○冊分、百科事典が○○冊分、英和辞典類が○○冊分も入っています。
> しかも、日本文学が○○作品、世界文学が○○作品も収められているんですよ。
> すごいですね～。便利ですね～。

5

～成約率を上げるための売れる文章術
～エモーショナルライティング～

283

例2　テレビショッピング流のトーク術

> **皆さんは、辞書を何冊くらいもっていますか？**
> **一般的に3冊くらい？　多い人は10冊くらいでしょうか？**
> 実はこの電子辞書、**小さいでしょう？**　なんとみなさんがもっている10冊分
> の辞書ならば、余裕で全部、入ってしまうんですよ。
> しかも、すごいのは、これだけではありません。
> **みなさんは、小説を読まれますか？**
> 電車での移動中、カフェでの休憩中など、この電子辞書で小説も読めちゃう
> んですよ。

太字の部分が「問いかけ」のテクニックです。

⚠️ 「自分に関係がある」と、のめり込むお客様心理

テレビショッピング流のトーク術をひもときながら、お客様の心理を分析して
みましょう。お客様の心が、どんどんトークにのめり込んでいくのがわかります。

> **皆さんは、辞書を何冊くらいもっていますか？**

問いかけからはじめることがポイントです。問いかけられると「うーん。私は
2冊しかもっていないな」とか「私は本棚に15冊くらい辞書があるな」などと
答えたくなります。**この時点でお客様は「自分ごと」と捉えはじめています。**

> **一般的に3冊くらい？　多い人は10冊くらいでしょうか？**

お客様は「3冊？　そうそう私って一般的なのね」とか「10冊？　そんなに辞
書をもっている人もいるんだ〜」などと、**自分に照らし合わせながらトークにの
め込んでいきます。**

> **実はこの電子辞書、小さいでしょう？**

ここで初めて商品が出てきます。最初から商品を見せるのではなく、冒頭から
の「問いかけ」トークで引き付けてから、**あとで商品を出すのがポイント**です。
商品を見せられるとお客様の心には**「買わされるのでは？」**と警戒心が生まれ
ます。そこですかさず「小さいでしょう？」と問いかけてトークに引き戻します。

> なんとみなさんがもっている10冊分の辞書ならば、余裕で全部、入ってしまうんですよ。

「みなさんがもっている辞書の話」に戻ったので、お客様は自分ごとに立ち戻り、「それはすごい」「いいかもね」と感じます。

> しかも、すごいのは、これだけではありません。
> **みなさんは、小説を読まれますか？**
> 電車での移動中、カフェでの休憩中など、この電子辞書で小説も読めちゃうんですよ。

「小説を読まれますか？」と再度問いかけが入ります。問いかけを入れることによって冒頭からずっとお客様を会話に巻き込み、「自分ごと」の気持ちのまま「トークを聞かせる」＝「商品も見せる」ということに成功しています。

　このように「問いかけ」を入れることによって、視聴者（文章の場合は読者）に「この話（文章）は自分に関係がある」と思わせ、より関心をもって聞いて（読んで）もらうことが可能になります。このテクニックは簡単で、しかも効果が高いので、ぜひ覚えておきましょう！

テレビショッピングに学ぶ「自分視点」テクニック

　もうひとつ、ぜひテレビショッピングから学びたいのが「自分視点」テクニックです。

　視聴者（文章の場合は読者）は、商品の説明を自分に置き換えることがとても苦手です。ですから、視聴者（読者）の視点で「で、それを買ったら、私はどんなふうに嬉しいの？」ということを説明してあげる必要があるのです。

　シニア向けパソコンの例を見てみましょう。

例3　一般的な商品説明のトーク

> きょうは、シニアの方に大人気のこちらのパソコンをご紹介しましょう。
> メモリー○○ギガ、ハードディスク○○ギガ。画面サイズは、ご高齢の方にも見やすい○○インチ。数字の入力がしやすいように、テンキーも付いています。

例4 テレビショッピング流のトーク術

> みなさんは、どんなときにパソコンを使いたいって思いますか？
> **たとえば**
> **パソコンを使って年賀状や暑中お見舞いなどを作ってみたいとか、重たいお米やお水をネットショッピングで買ってみようとか、遠くにいるお子さんやお孫さんとメールのやりとりをしてみたいとか、かわいいペットの写真を撮ってパソコンでいろいろ編集してみたいとか**
> **これ、全部、今すぐできるようになりますよ！**

太字の部分が「自分視点」のテクニックです。

商品そのものについて語るのではなく**「で、それを買ったら、私はどんなふうに嬉しいの？」を説明**しています。「自分視点」を具体的に見せられると、お客様は商品そのものも「自分ごと」としてとらえるようになります。

「この商品は、自分にとってどんなふうに役立つのか」が理解できると、自然と「それは、どんな商品なのか？」ということに興味がわいてきます。

この順番が逆だと「どんな商品か」を説明しても、聞いてもらえない（読んでもらえない）可能性が高くなります。

⚠ エモーショナルになっていないトークと
エモーショナルなトークとの比較

エモーショナルになっていないトークは、お客様が早い段階で逃げ出してしまいます。

次ページの図のように**順番を入れ替えるだけで、視聴者（文章の場合は読者）の興味関心の度合いが大きく変わるのです。**

このテクニックも簡単で、しかも効果が高いので、ぜひ覚えておきましょう！

1. テレビショッピングのトークには、お客様の心をつかむテクニックが詰まっている
2. 「問いかけ」テクニックで、読者の関心を引こう
3. 「自分視点」テクニックで「で、それを買ったら、私はどんなふうに嬉しいの？」を説明しよう
4. どんな順番で、どんな内容を語ると「お客様の興味関心を引くことができるのか」と常に考えよう

● エモーショナルになっていないトーク（商品説明が先）

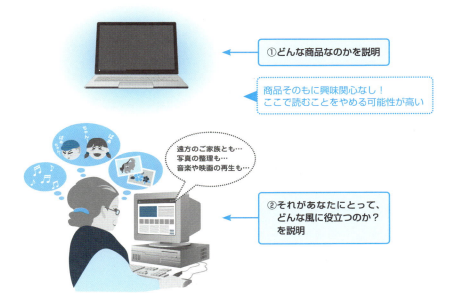

● エモーショナルなトーク（自分視点が先）

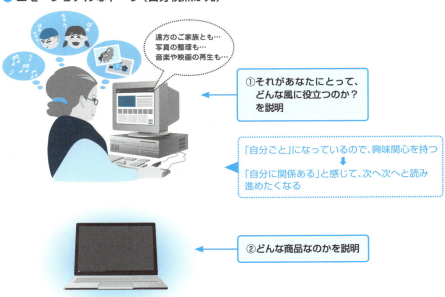

成功法則	男性向けコンテンツと女性向け
63	コンテンツを書き分ける

エモーショナルライティングを極めたいなら、「男性脳」と「女性脳」にも注目しましょう。脳の違いによって「どんな情報に反応するのか」「どんなふうに伝えられると、心が動きやすいのか」が異なるからです。男性向けコンテンツと女性向けコンテンツを書き分けることができれば、より一層成果が得やすくなります。

集客アップ	★★★★☆	成約アップ	★★★★★	コンテンツ改善	★★★☆☆

論理的な男性脳と、感情的な女性脳を意識して書く

　一般的に「論理的な男性脳」「感情的な女性脳」と言われます。では「男性脳に響く書き方」「女性脳に響く書き方」は、どう違うのでしょうか？
　腕時計を例にとって考えてみましょう。

⚠ 男性向けのアプローチ

例1 腕時計のPR文（男性向け）

- 半世紀以上の間、宇宙飛行士や宇宙機関に選ばれ続けているモデル。
- ダイアル上の0秒から14秒の間に、"What could you do in 14 seconds?"（14秒で何をすることができた？）という文字が小さく記されている。これは、アポロ13号の宇宙飛行士たちが地球の大気圏に再突入する直前に軌道修正に要した秒数を示している。
- ムーブメントは、キャリバー：オメガ1861。月面で使用された有名な手巻きクロノグラフ・ムーブメント。

※オメガ・ウォッチは「スピードマスター　アポロ13号スヌーピー　アワード」の商品説明を元にしています。

このように「男性脳」は、**権威、客観的事実、ウンチク、専門用語、機能性、数字**などに敏感に反応します。
　逆に、世間的な評価はどうなのか、価格はどうなのか、自分に似合うのかどうかなどはあまり気にせずに買ってしまうとも言えます。

女性向けのアプローチ

> **例2** 腕時計のPR文（女性向け）
>
> - 女優の○○さんがドラマ○○で着用
> - 雑誌○○に掲載
> - ショッピングモール○○で腕時計部門　連続○○週1位
> - 女性の手を美しく見せるデザイン
> - カジュアルシーンはもちろん、ドレスアップシーンにもぴったり
> - 今だけ送料無料

　このように「女性脳」は、**共感できるリーダーの評価、共感できるメディアの評価、みんな（世間）の評価、自分がどう見えるか、どんなシーンで使えるのか、お得感**などに敏感に反応します。
　逆に、権威、ウンチク、専門用語など「自分と関わりが薄いこと」には、あまり反応しないとも言えます。

中性向けアプローチ

　それでは、ここで問題です。中性向けアプローチは、どうすればいいでしょうか？
　中性向けアプローチが必要なのは「女性脳」と「男性脳」を併せもった人です。具体的には、ワーキングウーマンがそれにあたります。
　男性社会のなかでバリバリ仕事をしていくためには、もともとの「女性脳」に加えて「男性脳」的な感覚も必要とされるため、だんだん視点が男性に近づいていくのです。
　こういう「女性脳」と「男性脳」を併せもった人に対しては、両方の脳が反応する要素を上手に組み合わせていく必要があります。
　たとえば、以下の要素を組み合わせたアプローチをしていくとよいでしょう。

例3　中性向けアプローチ

- 自分がどう見えるか
- どんなシーンで使えるのか
- お得感

＋

- 権威
- 客観的事実
- ウンチク

シングルタスクの男性脳と、マルチタスクの女性脳を意識して書く

　もうひとつ意識しておくとよいのが、男性と女性の情報処理方法の違いです。一般的に女性は、男性に比べて右脳と左脳をつなぐ「脳梁」を行き来する情報量が多いと言われています。

　これはどういうことかというと、女性の方が左脳が司っている「論理・思考」（文字・言葉・数字など）と、右脳が司っている「知覚・感性」（視覚・聴覚・味覚など）の両方を同時に処理しやすいということです。

● 右脳と左脳の情報処理

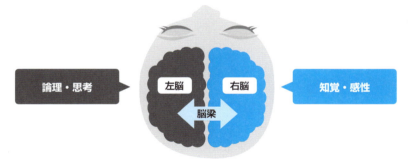

　一方、男性は左脳が司っている「論理・思考」（文字・言葉・数字など）に集中しやすいと言われています。

　男性でよく「楽天市場の商品ページが苦手」という人がいます。これは楽天市場の商品ページが写真・イラストなど、右脳で処理をしなければならない情報が多いうえに、全体的に感情に訴えるトークが続き、長くなる傾向があるためです。

　感情に訴えるトークは、論理的な構造をとっていないことが多いため、男性はストレスを感じやすいのです。

男性がどちらかというと「楽天市場よりもAmazonを好む」のは、Amazonが制約上短い文章だけのシンプルな作りになっているからだと考えられます。

　このように、男性と女性の情報処理方法の違いを知っておくと、自社のお客様像に合わせて「より伝わりやすい」伝え方を選択することができるのです。

1. 「男性脳」は「権威」「客観的事実」「ウンチク」などに反応しやすい
2. 「女性脳」は「他者の評価」や「自分がどう見えるのか」などに反応しやすい
3. 「男性脳」はシンプルで論理的な文字情報を好む傾向がある
4. 「女性脳」は文字と写真やイラストを織り交ぜて感情に訴えかけられるのを好む傾向がある
5. 「男性脳」と「女性脳」の違いを知って、より効果的なライティングを心がけよう

成功法則	心理学を応用して
64	選択しやすい文章を書く

私たちが何気なく読み、その結果「クリック」したり「資料請求」をしたり「購入」したり……という行動を起こしている文章には「心理学」が背景になっているものがたくさんあります。心理学を応用すると「お客様に行動しやすい環境」を提示することができます。ここでは「選択しやすい環境」について考えてみましょう。

集客アップ	★★☆☆☆	成約アップ	★★★★★	コンテンツ改善	★★★☆☆

選択回避の法則

まずは、次の問題をご覧ください。

> スーパーマーケットAには、オリーブオイルが3種類置いてあります。
> スーパーマーケットBには、オリーブオイルが30種類置いてあります。
>
> どちらのスーパーマーケットのオリーブオイルの売上が高かったでしょうか？
> また、どちらのスーパーマーケットで買った人の満足度が高かったでしょうか？

答えは、どちらも「A」です。

「人は選択肢が多すぎると、混乱してしまい思考を止めてしまう。そして結果的に何も決断できなくなる」、これが「選択回避の法則」です。

スーパーマーケットBでは、多くの人がどれを選ぶか決められなかったために、オリーブオイルの売上が伸びませんでした。

また、かろうじてどれかを選んで買った人も、確信がもてないままに決断したため、満足度が低くなってしまったのです。

このようなことが起こらないために、私たちが商品やサービスを紹介するときには、**選択肢を与えすぎないことが重要**です。

では、選択肢はいくつくらいが適当なのでしょうか？

ここでもうひとつ、関連する法則を紹介しましょう。

292

極端の回避性（松竹梅の法則）

初めて入ったお寿司屋さんで

梅　3,500円
竹　5,000円
松　8,000円

と3つのコースを提示されたら、あなたはどれを注文しますか？
　お財布の具合にもよるとは思いますが、ほとんどの方が「竹」を選ぶのではないでしょうか？　これは「極端なものを避けて、真んなかのものを選ぶ」という性質によるものです。この性質を「極端の回避性（松竹梅の法則）」と呼びます。
　導き出されるポイントは、以下の2つです。

❶ 選択肢は、3つ程度に絞り込むと判断しやすくなる
❷ いちばん売りたいものが真んなかの価格帯になるように、選択肢を準備する

　ここで紹介した方法は、心理学を応用したライティングテクニックの一例です。このように心理学を知ることによって、文章でお客様の行動をある程度制御することができるようになります。
　他にも「フット・イン・ザ・ドア・テクニック」「ツァイガルニク効果」など、マーケティングやライティングに応用されている心理学のメソッドはたくさんあります。

1. 心理学を応用して、お客様に「選びやすい環境」を提示しよう
2. 「選択回避の法則」を応用して、気持ちよく選ばせよう
3. 「極端の回避性（松竹梅の法則）」を応用して、売りたいものに誘導しよう
4. 心理学を学ぶことによって、より行動につながるライティングを身につけよう

あとがき

小学生の頃から国語が嫌いで、文章を書くことが苦手でした。そんな私が「Webライティング」の本を書くことになるとは夢にも思いませんでした。

私が「ライティング」に目覚めたのは22歳のときです。新卒で富士通系の子会社に入社し、最初に配属されたところがマニュアル開発の部署でした。ソフトウェアの仕様書は両手で抱えるくらいの重さがあり、SEが書いた難解な文章を読み解き、エンドユーザー向けにマニュアルを作っていくのです。

スマホやゲーム機などはマニュアルがなくても直感で動かせる製品ですが、私が担当していた金融系端末や流通系端末にはマニュアルが不可欠でした。正しく、わかりやすく説明するライティング力が求められる世界です。

このとき学んだのが「テクニカルライティング」という技術です。文章はセンスではなく、コツ、技術、テクニックがすべてだと知りました。テクニカルライティングを習得したことをきっかけにして、文章を書くことが得意となり、いまも文章を書く仕事に携わっています。

いま「書くことが苦手」「できれば文章を書く仕事から離れたい」と思っている人がいたら、ぜひこの本を読んでみてください。

インターネット時代。「書くこと」は、人と人とがコミュニケーションをとるためにも重要かつ必要な技術です。この本が「文章を書くこと」を行うみなさまにとって、お役に立てることを心から願っています。

■3つの感謝

私が「本を出したい」と思い1冊目の企画書を初めて見てくださったのが、ソーテック社の福田清峰さんでした。お会いする前に私の企画書にていねいに目を通しておいてくださり、厳しくも的確なアドバイスをいただきました。「本を出す」ということの意味、著者の役割、本の組み立て方や内容面でのコメントは、実はグリーゼの仕事にも直結することばかりでした。1冊目は別の出版社から出版させていただく経緯をたどりましたが、2冊目のお声掛け、心から感謝申し上げます。

出来上がってみれば、296ページというボリュームのある本になりました。グリーゼの仕事を行いながらの執筆作業。正直途中で投げ出したくなることもありまし

た。最後まで書き上げることができたのは、ソーテック社の今村享嗣さんのおかげです。企画から執筆完了まで、ずっと伴走してくださった方です。こんなに人に励まされたことはないくらい、ステキな言葉をかけていただき、校了になるまで引っ張っていただきました。出版を迎えるのが寂しいくらい、素晴らしい編集者さんに出会いました！

「仕事と並行して執筆ができればいいな」と思いながら取り組みましたが、ほんとうのところ、仕事ができない日も多くありました。私が以前から「ライティングの本を出すのが夢です」と言っていたので、会社関係のメンバーはあたたかくサポートしてくれたのだと思います。いろいろなことを容認してくれたグリーゼ代表取締役の江島民子、グリーゼのディレクター、ライターの仲間たちに感謝の気持ちでいっぱいです。執筆が終わったので、これからは仕事だけに集中してグリーゼのお客様のお役に立てるように努力します。

【執筆協力】
株式会社グリーゼ 代表取締役 江島民子

株式会社グリーゼ ディレクター／ライター
長濱佳子
加藤由起子
藤森雅世
小幡悦子

株式会社グリーゼ　取締役　ふくだたみこ

# 著者紹介

ふくだたみこ（福田多美子）
全日本SEO協会認定SEOコンサルタント
セールスフォース・ドットコム認定Pardotコンサルタント

株式会社グリーゼ取締役。群馬県出身、東京都在住。富士通系子会社にてテクニカルライターとして金融系、流通系ソフトウェアのマニュアル開発に従事。フリーランスのライターを経て2004年に株式会社グリーゼに入社。2007年からデジタルハリウッド主催の「Webライティング（基礎・実践・特論・SEO）講座」の講師を担当。企業向け、商工会議所向け等の「コンテンツSEO講座」「Webライティング講座」など実績多数。

株式会社グリーゼ
マーケティングオートメーション専用のコンテンツマーケティング会社。全国のライター（約260名）をネットワークして、企業のWebコンテンツの企画・設計・制作・分析までをワンストップでサポート。以下の3つのWebサイトを運営。

- ●株式会社グリーゼ公式　　http://gliese.co.jp/
- ●コトバの、チカラ　　　　http://kotoba-no-chikara.com/
- ●SEOに効く！コンテンツ制作　http://seo-contents.jp/

SEOに強い Webライティング
売れる書き方の成功法則64

2016年8月31日　初版第1刷発行
2018年6月20日　初版第4刷発行

著　者	ふくだたみこ
装　幀	植竹裕
発行人	柳澤淳一
編集人	福田清峰
発行所	株式会社　ソーテック社

〒102-0072　東京都千代田区飯田橋4-9-5　スギタビル4F
電話：注文専用　03-3262-5320
FAX：　　　　　03-3262-5326

印刷所　大日本印刷株式会社

本書の全部または一部を、株式会社ソーテック社および著者の承諾を得ずに無断で複写（コピー）することは、著作権法上での例外を除き禁じられています。
製本には十分注意をしておりますが、万一、乱丁・落丁などの不良品がございましたら「販売部」宛にお送りください。送料は小社負担にてお取り替えいたします。

©TAMIKO FUKUDA 2016, Printed in Japan
ISBN978-4-8007-1144-1